本书由“不确定环境下光伏废弃物回收的成本效益评估与政策模拟研究”项目（项目批准号：72103153）资助出版。

不确定环境下光伏发电项目决策研究

BUQUEDING HUANJING XIA
GUANGFU FADIAN XIANGMU
JUECE YANJIU

李 静 著

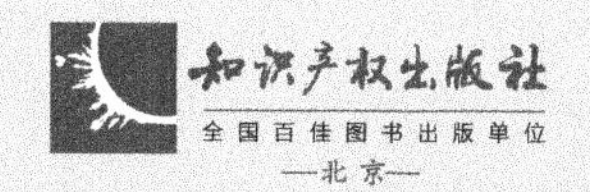

图书在版编目（CIP）数据

不确定环境下光伏发电项目决策研究 / 李静著．—北京：知识产权出版社，2022.8
ISBN 978-7-5130-8289-1

Ⅰ．①不…　Ⅱ．①李…　Ⅲ．①太阳能光伏发电—项目决策—研究—中国
Ⅳ．① TM615

中国版本图书馆 CIP 数据核字（2022）第 149542 号

内容提要

全面评估光伏发电项目中的关键决策问题，优化决策技术，对提升项目未来运营水平及整个行业的可持续发展具有重要的理论和现实意义。本书从当前我国光伏发电项目发展过程中存在的问题出发，以生命周期理论和决策理论为基础，通过开发综合决策模型与方法，构建光伏发电项目生命周期决策分析框架。

本书可供对光伏发电相关问题感兴趣的读者参考使用。

责任编辑：张　珑　　　**责任印制**：孙婷婷
执行编辑：苑　菲

不确定环境下光伏发电项目决策研究

李　静　著

出版发行：	知识产权出版社有限责任公司	**网　　址**：	http://www.ipph.cn
			http://www.laichushu.com
电　　话：	010-82004826		
社　　址：	北京市海淀区气象路50号院	**邮　　编**：	100081
责编电话：	010-82000860转8763	**责编邮箱**：	laichushu@cnipr.com
发行电话：	010-82000860转8101	**发行传真**：	010-82000893
印　　刷：	北京中献拓方科技发展有限公司	**经　　销**：	新华书店、各大网上书店及相关专业书店
开　　本：	787mm×1092mm　1/16	**印　　张**：	13.25
版　　次：	2022年8月第1版	**印　　次**：	2022年8月第1次印刷
字　　数：	188千字	**定　　价**：	68.00元

ISBN 978-7-5130-8289-1

前　言

随着全球化石能源危机的不断显现以及人类生存环境的日益恶化，能源问题和环境问题成为制约和影响全球社会经济发展的难题。面对这样的压力，光伏发电是传统化石能源发电的有效替代技术之一。在能源转换过程中，光伏发电可保持生态平衡，具有一次投入长期使用、维护成本低等特点。经过二十多年的发展，我国光伏发电技术已经形成较成熟的可再生能源发电模式。然而，我国光伏行业在发展过程中还是产生了诸多问题，如“弃光限电”、重建设轻运维等，严重影响光伏行业的健康发展。这些问题的产生与光伏行业具体项目实施过程的决策水平和施工质量密切相关。决策者缺乏对光伏发电项目实施过程中关键决策问题的综合评估，采用的技术落后，导致决策水平不高。因此，全面评估光伏发电项目中的关键决策问题，优化决策技术，对提升项目未来运营水平及整个行业的可持续发展具有重要的理论和现实意义。

本书从当前我国光伏发电项目发展过程中存在的问题出发，以生命周期理论和决策理论为基础，通过开发综合决策模型与方法，构建光伏发电项目生命周期决策分析框架。考虑到光伏发电项目决策者在决策过程中会受到自身认知和专业限制及外界不确定因素的影响，未必能作出准确判断，本书通过创新和优化决策方法与工具来综合提升决策者的项目决策水平，具体研究内容如下。

（1）光伏发电项目管理决策框架构建。从光伏发电项目发展问题出发进行分析，发现主要原因之一是项目生命周期不同阶段的管理决策水平不高；同时，本书提出了创新光伏发电项目的决策模型和方法。基于此，本书构建了光伏发电项目管理决策框架来提高项目生命周期各个阶段的关键决策点的决策水平，为项目决策人员提供理论与技术支持。

（2）光伏发电项目前期风险决策研究。以项目生命周期为切入点，识别光伏发电项目不同阶段可能存在的风险事件，作出相应的项目风险评估报告，为决策提供参考。在衡量风险事件优先级之前，运用实验方法分析不同合作方式的决策小组产生的决策是否存在显著差异，采用更为经济的小组成员合作方式对项目风险事件进行评估。最后，采用失效模式与影响分析（FMEA）方法衡量光伏发电项目的风险事件优先级。

（3）光伏发电项目前期电站选址决策研究。以项目的可持续发展为切入点，分别从光照资源、经济、环境和社会方面识别影响光伏发电项目区位选择的因素，构建光伏电站区位的综合评估指标体系。同时，考虑到决策者判断时存在模糊性及对项目的认知存在局限性，提出以可变精度粗糙集和前景理论为基础的决策方法，对不确定环境中的光伏发电项目备选区位进行评估。

（4）光伏发电项目建设期组件供应商选择决策研究。以项目可持续发展的三个维度为切入点，将可持续供应链管理实践作为光伏组件供应商早期开发的评估指标。同时，考虑到决策者判断的模糊性和有限理性，以及算数平均和几何平均算子在集成不同决策者评估中存在的问题，构建了光伏组件供应商选择决策模型。

（5）光伏发电项目运营期发电系统故障风险决策研究。电站运行的可靠性已成为制约光伏发电项目可持续发展的重要因素之一。本书通过识别光伏发电系统运行过程中的潜在故障，分析出它们产生的原因及带来的后果。在此基础上，考虑到决策者在风险评估时存在的主观性、模糊性及随机性特征，笔者提出以粗糙集和云模型为基础的FMEA方法对潜在发电故障模式的严重性、发生率和难检度进行风险评估。

本书确立了光伏发电项目管理决策的一般框架思路与决策方法，希望能够对指导和提升我国光伏发电项目可持续发展起到积极作用。理论上，本书优化了决策方法和技术，改善了决策模型处理不同类型不确定信息的机制，深化了决策理论的发展。

由于笔者水平有限，书中难免有不妥之处，恳请同行专家和读者指正。

目　录

1 绪 论

1.1 研究背景和意义

1.1.1 研究背景

能源是社会经济发展的重要基础，随着全球能源危机的出现，人类生存环境日益恶化，能源环境问题成为制约和影响全球社会经济发展的难题。《2020 年世界能源统计报告》指出，2019 年化石燃料仍占全球一次能源消费的 84%；美国能源信息署（Energy Information Administration, EIA）发布的《2021 年国际能源展望》中预测，在参考情景下，2050 年全球化石能源在一次能源需求中占比约 70%。从当前及中长期来看，传统化石能源消费仍然是全球能源消费的主要形式。传统化石能源的发展和消耗具有多重危机性，给人类社会可持续发展带来很大隐患。例如，就化石能源中的煤炭开采和消费来说，煤炭开采排放煤尘，对附近土地、村庄和水资源造成污染，对人体健康构成威胁；燃烧煤炭过程中产生二氧化硫和二氧化氮会污染环境，与雨水结合形成酸雨，对建筑物等造成严重腐蚀；同时，燃料中的碳转变为二氧化碳排放到环境中，使得大气中的二氧化碳浓度上升，导致温室效应加剧，生态失衡；此外，火电站发电所剩“余热”被排到河流、湖泊、大气或海洋中，在大多数情况下会引起热污染。面对全球能源危机和环境污染压力，越来越多的国家和地区开始开发可再生能源发电技术，如核能发电技术、风能发电技术、生物质能发电技术和太阳能发电技术等，来减轻传统化石能源带来的环境污染问题。

光伏发电技术是太阳能发电技术的一种。它通过半导体的光生伏特效应将太阳能转化为电能，可在能源转换过程中保持生态平衡，不排放对环境造成污染的气体和固体废弃物。该发电技术具有一次投入长期使用、维护成本低等特点。光伏产业发展已成为各国和地区解决能源利用和环境问题与经济增长之间矛盾的有效途径之一。图 1-1 列出了全球光伏装机容量增长情况。从国际能源署（International Energy Agency, IEA）发布的《2020 年全球光伏报告》显示，自步入 21 世纪开始，全球新增光伏装机容量呈现指数型增长趋势，从 2000 年的 0.278GW（吉瓦，十亿瓦特）上升到 2020 年的 130GW，增长了 466 倍多［图 1-1（a）］。尽管 2020 年全球市场遭受了新型冠状病毒感染疫情暴发和流行的影响，但是光伏市场再次实现显著增长。截至 2020 年年底，全球光伏市场新增装机容量达到 130GW，同比增长超过 5.69%。全球累计光伏装机容量也呈现指数级增长，到 2020 年底累计装机容量达 760.4GW［图 1-1（b）］。从全球区域市场来看，中国新增光伏装机容量在全球所占的比重是最大的，其次是美国、欧盟和英国、印度、日本、巴西［图 1-1（c）］。中国和巴西在 2018—2020 年的装机容量趋势是一致的，均在 2019 年出现短暂下降后，2020 年再次上升。美国、欧盟和英国、日本的装机容量在三年内稳定增加；而印度的光伏新增装机容量则在三年内是逐年下降的。此外，2020 年全球有 20 个国家的新增光伏装机容量超过了 1GW。位列前十位的国家分别是中国、美国、越南、日本、德国、印度、澳大利亚、韩国、巴西和荷兰，新增光伏装机容量分别达到了 48.2GW、19.2GW、11.1GW、8.2GW、4.9GW、4.4GW、4.1GW、4.1GW、3.1GW、3GW。

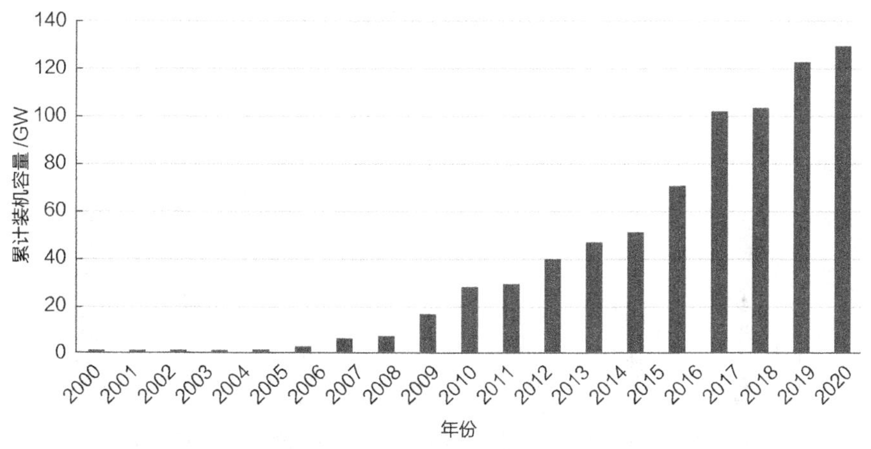

（a）2000—2020 年全球新增光伏装机容量

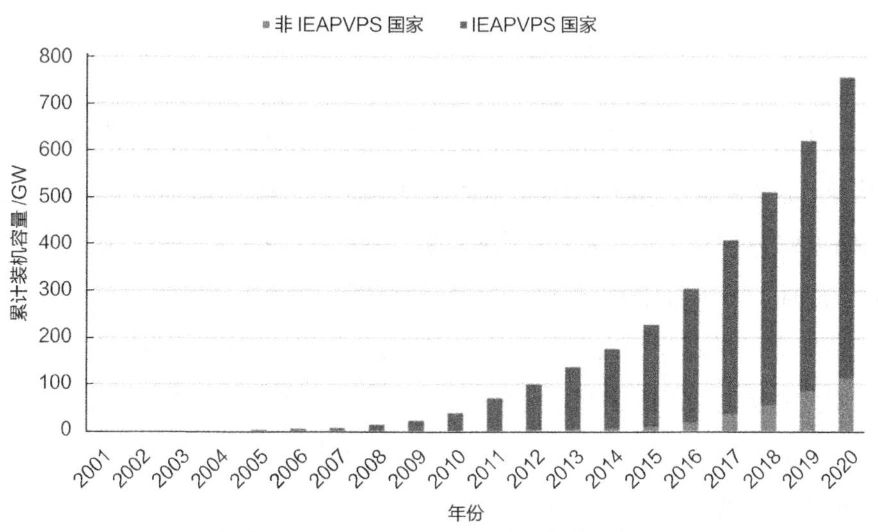

（b）2001—2020 年全球累计光伏装机容量

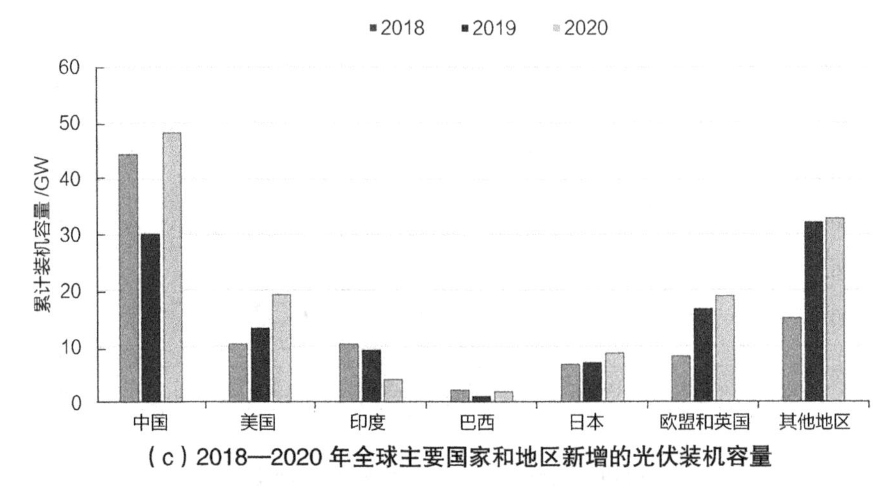

（c）2018—2020 年全球主要国家和地区新增的光伏装机容量

图 1–1 全球新增和累计光伏装机容量

数据来源：IEA《2021 年全球光伏报告》

中国幅员辽阔，太阳能资源丰富，拥有开发太阳能资源的有利气候条件。从日照时数来看，我国年日照时数大于 2000 小时，其中 2/3 的国土年日照时数在 2200 小时以上；从太阳辐射量来看，我国大多数地区年平均日辐射量在 4 千瓦时 / 米 ^{2} 以上，西藏地区的日辐射量最高可达 7 千瓦时 / 米 ^{2}。因此，我国地表每年吸收的太阳能大约相当于 2.4 万亿吨标准煤的能量。此外，集中式光伏电站需要建在太阳能资源丰富且地势平坦开阔的地面上。我国拥有 100 多万平方千米的荒漠化地区，这些地区平坦开阔、人烟稀少、太阳能资源丰富，如果将全国沙漠化土地的 1% 用来安装光伏发电系统，装机容量可达 10 亿千瓦。与同纬度的其他国家相比，潜在装机容量与美国相近，而与欧洲国家和日本相比具有显著的地域优势。

自 21 世纪初开始，越来越多的企业进入光伏领域，开发光伏发电项目，光伏发电行业在我国获得快速发展。从装机容量来看，2006 年以前我国累计光伏装机容量仅有 80MW（兆瓦），2007 年后装机容量快速上升，以超过 100% 的年均增长率高速发展。自 2013 年起，我国光伏新增装机容量达到全球第一，并长期稳坐首位直到 2020 年。相应的，我国光伏累计装机容量从2007年的0.10GW上升到2020年的253GW，连续六年位居全球首位。受2018年“531”政策的影响，2018年和2019年这两年相比前一年的新增装机容量有所下降，但2020年我国光伏装机容量开始较2019年上升。未来受长期“2030碳达峰”和“2060碳中和”政策的影响，我国光伏装机容量仍会持续攀升。从光伏发电项目的不同种类看，分布式光伏项目在我国所占的比重持续增大（图1–2）。2016年以前（含2016年），分布式光伏占比较小，在6% ~ 19%之间变化，其中2013年、2014年、2015年和2016年分布式光伏新增装机容量占比分别为6%、19%、9%和12%。2016年以后，分布式光伏占比逐步增大，在32% ~ 47%变化，其中2017年、2018年、2019年和2020年分布式光伏新增装机容量占比分别为37%、47%、41%和32%。从制造业领域来看，我国光伏制造业经过几年的行业峰谷期，规模稳步上升。光伏组件产量从2007年1.34GW上升到2020年124.6GW，增长了92.0倍。多晶硅产量从2013年的8.46万吨上升到2020年的39.60万吨，增长了约3.68倍（图1–3）。近年来，多晶硅产量增加主要是由于龙头企业产能利用率在99%以上，有些企业产量甚至比实际公布的产能要高，多晶硅产业的集中度进一步提高。从光伏技术水平来看，2020年光伏企业经营状况不断改善，在差异化竞争和光伏领跑基地建设的双轮驱动下，骨干企业加大了工艺研发和技改投入力度，生产工艺水平不断进步。2020年，我国生产的BSFP多晶硅电池平均转换效率达到19.4%，PERCP型多晶黑硅电池转换效率达到20.8%，PERCP型铸锭单晶电池转换效率达到22.3%，PERCP型单晶硅电池平均转换效率达到22.8%，异质结电池转换率达到23.8%，等等。我国各种光伏电池技术平均转换率位居全球领先水平。在组件环节，半片、叠瓦、大硅片等技术开始规模化应用，显著摊薄每瓦组件成本。同时，金刚线切割技术和电池薄片化技术的大规模应用使得硅耗大幅下降。物美价廉的光伏产品为全球光伏产业发展作出巨大贡献。

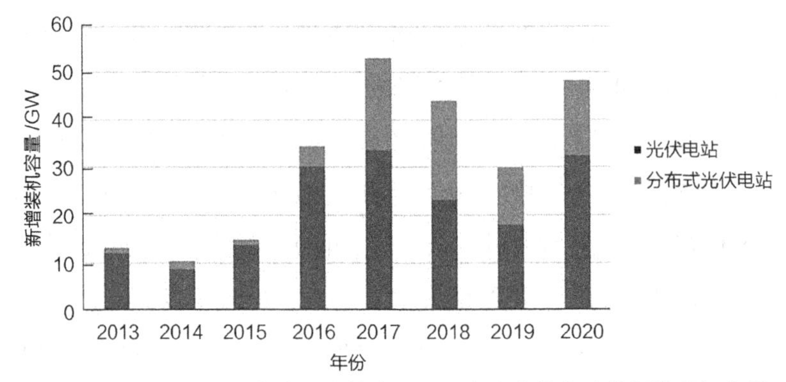

图 1-2　2013—2020 年我国光伏电站和分布式光伏电站的新增装机容量

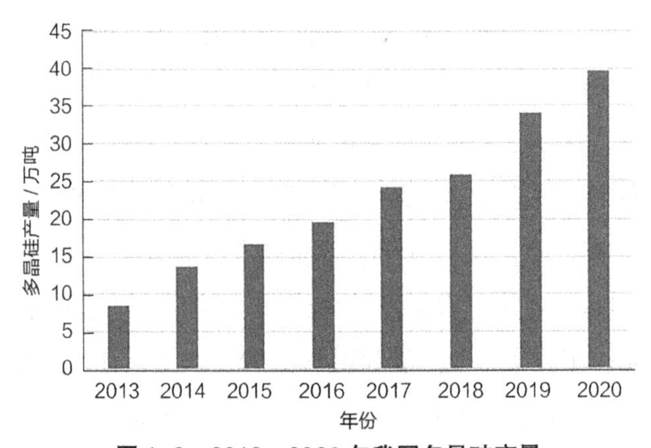

图 1-3　2013—2020 年我国多晶硅产量

从以上数据分析可知，我国光伏产业不论从时间维度上还是全球区域层面上，装机容量增长迅速，产业规模较大，技术水平领先。实际上，全球光伏发电行业从 2005 年才开始有了实质性发展，仅经过 18 年的发展，目前仍然是朝阳型产业，但相关技术水平仍需不断完善。快速发展的光伏产业背后仍暴露出一些深层次的问题，包括以下几个方面。

（1）国内集中式光伏市场后继乏力，分布式光伏市场有待进一步开发。2017 年我国光伏累计装机容量超额完成“十三五”规划，进一步表明我国光伏发电的快速增长。然而，深入分析光伏市场，尤其是集中式光伏市场的爆发式增长，快速增长背后有其深层次原因，主要原因如下：我国光伏项目地方建设计划与国家建设规划不协调；光伏上网电价的调低使得未来光伏电站预期发电收益降低，引发市场大量抢装，大量光伏电站未批先建，提前透支了未来市场，导致一段时间内的市场乏力与产业链危机。此外，分布式光伏市场仍有广阔发展空间，虽然“2030碳达峰”和“2060碳中和”目标为光伏发电项目发展指明了方向，但当前我国户用光伏、光伏建筑一体化等领域还未深入开发，涉及的关键技术仍需进一步突破。

（2）外部贸易环境不乐观。过去20年里，我国光伏产业持续增长，光伏组件产量、多晶硅产量、光伏新增装机容量和光伏累计装机容量已分别连续14年、10年、8年和6年位居全球首位。同时，我国光伏产业已由过去的原材料和销售市场“两头在外”的模式，发展为国内和国外同等重要的“内外并重”模式。然而，我国光伏市场的快速发展也面临着国外贸易保护主义的挑战，如早期的2011—2013年欧盟地区对我国光伏产品征收“反倾销、反补贴”关税和2019年发生的美国“201”法案。虽然我国已形成一套完整的光伏产业链，但未来几年我国光伏贸易环境仍存在较大的不确定性，发展背后仍暗藏着不容忽视的常态化国际贸易壁垒。例如，在中美贸易摩擦中，美国对我国生产的光伏产品仍旧征收较高的关税；印度每年大约80%的进口光伏设备来自中国，为刺激本国产业发展，印度政府正计划将光伏逆变器的关税从5%提高到20%。外贸环境的紧张局势不利于光伏行业的可持续发展，在一定程度上将阻碍全球各国碳减排行动的开展，并降低环境效益和社会效益[1]。

（3）补贴资金缺口压力较大。截至2019年年底，可再生能源附加资金缺口累计超过2600亿元，其中光伏资金缺口达到600亿元。主要原因是提高可再生能源电价附加与当前降低实体经济税费政策相冲突，使得短期内补贴降低，难以解决资金缺口。多数光伏发电项目难以及时拿到补贴，增加了资金成本，特别是光伏企业以民营企业居多，融资能力较弱，资金链一旦断裂会给整个行业带来巨大冲击。

（4）光伏项目弃光限电现象较为严重，其原因主要与经济社会和体制机制等方面的问题相关。例如，光伏电站管理处于无序状态，电源与电网规划不协调；可再生能源有限发电政策难以全面落实；电网系统调峰能力不足；跨区域输电通道不足，难以在更大的范围内消纳。由于以上种种问题，我国光伏发电项目弃光限电现象较为严重，尤其在西北地区。据国家能源局的统计数据显示，2016 年，西部地区平均弃光率达到 20%。其中，2016 年上半年，新疆和甘肃两个省份的光伏弃光率分别达 32.4% 和 32.1%，发电运行较为困难。2016 年后我国弃光率逐步下降，截至 2020 年年底，我国弃光率超过 5% 的省份只有西藏（25.4%）和青海（8%）。

针对以上问题，国家出台各项政策规范光伏行业可持续发展。然而，政策也会随着行业发展进行变化调整。例如，上网电价每隔两年调整一次，光伏发电项目启动时的电价和实际上网时的电价可能不同。

（5）光伏发电过程虽不产生污染环境的气体和有害物质，但在光伏中上游产业链中，如晶体硅原材料开采、太阳能电池片制造、组件加工等环节，仍然存在大量能源消耗和污染排放。例如，多晶硅的生产会消耗大量的能源，并存在环境污染的风险。目前所用的多晶硅提纯技术约有 25% 的三氯氢硅转化为多晶硅，其余大量形成废气，同时产生大量氯硅烷副产物和氯化氢。三氯氢硅具有很强的毒性，如果企业监管不严格，没有成熟的回收工艺，外泄将对人类健康和环境安全构成威胁。

再如，废弃物污染。光伏发电系统普遍使用铅酸蓄电池，其中含有大量的铅、锑、镉、硫酸等重金属和有毒物质，不及时处置废弃电池将会对水源、土壤造成污染。然而，针对光伏制造领域的环境污染问题，国家相关部门还未出台相应的法律法规规范生产活动。对于光伏发电站来说，有专业的人员来处理这些废弃物，不会对环境造成严重污染；但是对于户用光伏发电系统来说，居民环保意识参差不齐，有些环保意识较弱，存在随意丢弃的现象。此外，由于国内光伏发电系统多建在西北边远地区，居住分散，大规模、常态化收购光伏废弃件很不方便且交易成本较高，导致废弃物随意丢弃的现象较为严重[2]。

最后还有光污染。光伏组件本身不会发光，但在一定程度上会反射太阳光。尽管光伏企业在不断地革新技术以减少太阳光的反射，但是做到“零反射”还是相当困难的。城市中建设一体化的光伏系统，虽然表面朝向太阳，但会对高层建筑居民和航空器飞行员造成一定的影响[3]。

综合以上分析，企业在开发光伏发电项目时需要综合考虑光伏行业的国内外市场、政策、对社会环境和对自然环境的影响。在不断创新、保持自身活力和竞争优势的同时，需与外界环境和社会变化相适应，合理利用自然资源，充分重视社会效益，才会使自己的品牌效益得到提高，无形资产获得增值。因而，实施可持续发展已成为光伏企业必须考虑的战略问题。不同于传统的质量管理、成本控制、顾客关系管理等问题，企业可持续发展涉及更多的利益相关者，其影响与作用机制更为复杂，具有更加重要的战略意义。因此，对光伏项目的全产业链进行可持续评价，对提高我国光伏企业在全球的竞争力意义重大。

同时，光伏发电项目决策问题复杂多样，不是单一的一次性活动，决策行为和问题贯穿项目的投资决策阶段、设计施工阶段和后期运营维护阶段。此外，由于光伏市场和政策的波动性以及人们认知能力的局限性，企业在光伏发电项目决策过程中往往存在着收到主观的、不确定的信息的问题。基于此，光伏发电项目决策过程可总结和抽象为不确定环境下的多属性决策问题。本书将以项目生命周期为出发点，通过开发和运用一定技术手段来解决或改进光伏发电项目各阶段的关键决策问题，从而促进光伏发电项目可持续发展。

1.1.2 研究意义

1.1.2.1 理论意义

以往研究较多采用模糊集理论（fuzzy set theory）处理专家语言的不精确性和模糊性。该理论可将专家评估语言转换成三角模糊数、直觉梯形模糊语言、犹豫直觉模糊语言、对偶犹豫模糊语言等不同表达形式。然而，这些模糊语言表达存在局限性，在处理模糊信息前需要一些先验信息，如语言模糊程度的确定由专家制定的隶属度函数确定、需要制定大量的模糊规则、隶属度值是确定的等。先验信息的存在增加了专家决策结果的主观性和不稳定性；同时确定的隶属度值与模糊集理论处理模糊信息的本质背道而驰。与模糊集类似的模糊决策理论还有粗糙集理论（rough set theory）和云模型理论（cloud model theory）。与模糊集理论相比，粗糙集理论不需要这些先验信息，隐含在决策判断中的模糊性根据专家原始判断确定。云模型理论与模糊集理论相比，其隶属度值呈散点分布，是不确定的，符合决策判断的模糊性和不确定性本质。本书针对光伏发电项目中的实际决策问题，将企业决策人员或专家多属性群决策理论、粗糙集理论和云模型理论引入光伏发电项目领域，针对光伏发电项目投资特点，开展“不确定环境下光伏发电项目决策研究”。本书将重点改进粗糙集处理模糊信息方面的机制，在充分考虑不确定性的条件下，提出可变精度粗糙集理论和云粗糙集理论，解决专家决策中的不确定性。在此基础上，考虑到以往决策模型以决策者完全理性为前提，忽视了实际决策中有限理性，本书将综合运用粗糙多属性决策理论和前景理论以改进大部分模糊多属性决策理论为主体的决策模型局限性。通过探索更多、更广的多属性决策分析新方法、新技术，完善多属性决策理论评价体系，为进一步发展决策理论提供新的评价思路与途径。

此外，大部分决策模型以群体决策为前提条件构建，每名专家提供决策意见后，再运用一定的集成方法综合不同专家的意见获得群体决策结果。很少有研究分析群体决策中专家不同的合作方式对决策结果的影响。本书将通过实验方法检验不同任务环境下群体决策中面对面和分散两种合作形式的决策表现是否一致，为群体决策合作形式提供理论支撑。

1.1.2.2 实用价值

我国光伏发电项目还处于探索阶段，起步晚、技术不够先进、风险意识薄弱、决策方法匮乏，在一定程度上制约了光伏发电项目的发展，个别地方政府冒进引资和企业逐利行为，也成为光伏电站发展的绊脚石。在国内外光伏市场和政策不稳定的背景下，如何布局和实施光伏发电项目成为光伏企业所面临的关键决策问题。本书通过构建不确定环境下光伏发电项目决策模型，希望能帮助企业在面对复杂多变的外部环境时运筹帷幄，作出合理决策，从而减少由于错误决策或滞后决策带来的经济损失，增强企业竞争力，巩固企业市场地位，保证企业高效运行。此外，本书在构建某些关键决策问题的评价指标体系时，从可持续发展视角出发，构建至少包含经济、环境和社会影响的指标。例如，构建光伏发电项目区位选择评价指标体系时，不仅选取影响项目未来收益的各类建造成本指标和资源类指标（日照时数和太阳辐射），还选择环境指标（污染减排）和社会指标（政策支持和公众支持），使得光伏发电项目不仅为企业带来最大收益，同时对当地来说也是环境友好型和社会友好型的项目。

1.2 主要内容、研究方法和技术路线

1.2.1 主要内容

由于国内外经济、市场、政策和社会环境复杂多变，增加了光伏发电项目决策过程中的不确定性。本书主要研究在不确定环境下光伏发电项目决策模型的构建，希望通过创新决策方法和技术来提升和改善光伏发电项目不同决策问题的决策过程。从管理学的角度来分析，通常情况下决策活动具有以下几个主要特点：数名专家参与群体决策过程；专家掌握的信息是不完全的；专家的认知是有限的；结果以决策者的主观判断为主。基于光伏发电项目不同的决策问题和特征，本书的主要研究内容有以下几部分。

（1）光伏发电项目管理决策框架制定。在光伏发电项目特点分析基础上，通过剖析我国光伏发电项目发展阶段、发展问题及其原因追溯，提出在面对不确定行业环境时，企业应全面提高项目管理决策效率。从确定项目生命周期阶段入手，对项目管理决策问题进行全面、深入、细致的分析，尤其是关键决策问题，通过创新决策方法和技术来提升企业决策准确性，进而降低项目发展中的不确定性。基于此，本书制定了科学的光伏发

电项目管理决策分析框架。

（2）基于生命周期视角研究光伏发电项目不同阶段的关键决策问题。由于当前我国光伏废弃组件的回收规模较小，还未形成产业链，废旧光伏设备的回收再利用在我国尚处于初期阶段。受限于行业规模和数据的可获得性，本研究未涉及报废回收阶段。因此，本书将光伏发电项目的生命周期划分为三个阶段：前期——投资决策阶段、中期——设计建设阶段，后期——运营维护阶段。通过识别和改善不同阶段的关键决策问题提升光伏发电项目管理水平。

首先，在投资决策阶段，本书将项目风险评估和电站区位选择确定为关键决策问题。第一，项目风险评估即在项目启动前运用综合评估方法对可能的风险事件作出判断，对风险较大的事件加以重点关注和解决。光伏发电项目作为新兴项目，在实施过程中存在着较多的不确定因素，增加了未来项目运营的风险。事先对项目风险进行识别和分析，有助于提升光伏发电项目风险监控和应对能力，为决策人员投资项目提供风险判断依据。因此，光伏发电项目风险评估是项目前期的关键决策问题之一。第二，电厂区位选择，即选择在什么地方或区域开发光伏电厂，该区域是否适合投资建厂的问题。选址的优劣直接影响项目运营期的发电量和收益水平，因此，光伏发电项目选址决策是项目前期的关键决策问题之一。

其次，在设计建设阶段，本书将光伏组件供应商评估确定为关键决策问题，即在建厂过程中选择什么样的光伏组件供应商。光伏设备供应商的产品质量、价格、售后服务、供货周期和响应速度等关系着后续运营阶段的电量生产、设备故障率和维修费用。在全球可持续发展需求下，光伏组件上游供应链存在的环境污染和能源资源消耗问题也越来越受到重视。因此，对光伏设备供应商的评价被确定为该阶段的关键决策。

最后，在运营维护阶段，本书将光伏发电系统故障风险评估确定为关键决策问题，即在运维过程中哪些故障需要重点关注。预先对潜在的光伏设备故障进行识别和风险评估，对重要敏感设备和部件运行加强跟踪和管理，可有效降低因客观条件不足而导致设备故障产生的电量和收益损失。因此，光伏发电系统故障识别和风险评估是该阶段的关键决策问题。

（3）运用实验方法验证群决策在不同合作形式下的决策表现。进行项目决策要成立专家组，通过综合多名专家的判断意见来获得决策方案。然而，很少有研究区别专家面对面交流讨论和集成分散的专家独立判断对最终决策表现的影响。基于此，本书设计了一个实验，通过统计检验方法验证不同合作形式的专家团队对决策结果的影响。

（4）提出可变精度粗糙数和云粗糙数等新的专家判断模糊表达形式。改进属性表达形式，提出可变精度粗糙数和云粗糙数的形式来表示专家判断中的不确定信息；定义新的粗糙集合，同时给出新变量的运算规则、比较规则、距离等。基于运算规则，给出不同情形下的属性集成算法。经过集成算法处理，我们可得到各个决策方案的优劣程度，并选出最优方案。

（5）研究改进粗糙数形式下的多属性决策方法。传统的多属性决策方法能集结表达形式不统一的属性值。对于改进的可变精度粗糙数和云粗糙数，仍需对传统多属性决策方法进行扩展和延伸。本书同时引入前景理论思想，考察和比较专家不同风险态度，刻画专家完全理性和有限理性对决策结果的影响。因而，本书将重点扩展决策者完全理性下的TOPSIS方法（逼近理想解排序法）和决策有限理性下的TODIM方法（交互式多准则决策方法），完善多属性决策理论体系。

1.2.2 研究方法

本书采用理论研究与应用实践相结合的研究方法，结合管理学、决策科学和运筹学等多学科知识，针对光伏发电项目不同生命周期阶段中的诸多关键问题，提出一系列不确定多属性决策方法。具体的研究方法如下。

1.2.2.1 问卷调查与文献检索相结合

针对光伏发电项目决策中的实际问题，通过文献检索和查阅，明确现阶段光伏发电项目的决策方法。通过研究以往的理论和方法，找出存在的问题和不足，并以此为突破口，改进现有的决策方法。此外，主要通过专家咨询和文献检索的方式构建关键决策问题的评估指标体系，并通过问卷调查的方式邀请专家对指标进行评估。

1.2.2.2 定量与定性相结合

定量与定性相结合主要体现在两个方面：第一，评价指标中既包含了定量指标又有定性指标，形成了不确定混合多属性决策问题；第二，采用提出的不确定多属性决策方法对光伏发电项目进行研究，不仅定量地确定了待决策问题方案的价值，而且定性地分析了光伏发电项目在各个方面的优势和劣势，从而为光伏企业发电项目的经营管理提供了改进方向。

1.2.2.3 理论与实际相结合

本书侧重于不确定多属性决策的理论研究，并将理论研究和实证分析紧密结合。在本书中，针对光伏发电项目的具体决策活动，提出一系列不确定多属性决策方法，并将其应用于光伏发电项目不同生命周期阶段的特定决策问题中，验证理论方法的可行性、适用性和先进性。

1.2.2.4 不确定信息与传统模型相结合

本书将集成可解决不同类型不确定信息方法，构建新的专家不精确评估语义处理机制以解决判断中的模糊或不确定信息。同时，将传统多属性决策方法（TOPSIS 方法和 TODIM 方法）与新的不精确评估语义处理机制相融合，使专家决策过程和方案的最终选择更加贴近现实。

1.2.3 技术路线

本书的技术路线按照问题提出—决策框架构建—模型构建及应用—结论及展望见图 1–4。以项目管理相关理论和决策理论为基础，根据光伏发电项目各生命周期阶段的特点和要求，采用模糊数学和多属性决策相结合的方法，构建可提升项目关键决策问题决策水平和表现的模型。本书的技术路线如图 1–4 所示。

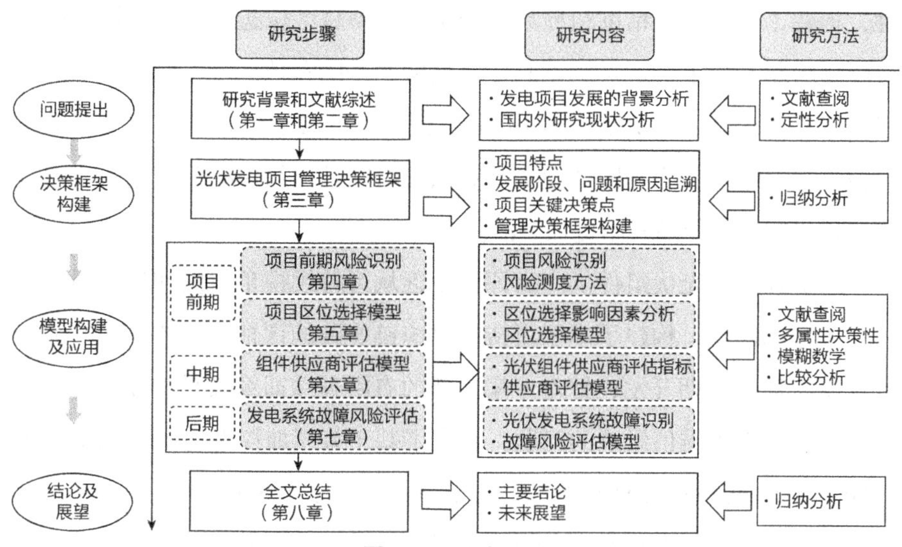

图 1-4 技术路线

1.3 创新点

本书主要研究在不确定的环境下，通过创新决策方法和技术，改善光伏发电项目不同生命周期阶段的关键决策活动。决策方法创新主要基于粗糙集理论来定义几种新的处理不确定信息的处理机制，继而提出相应的多属性决策方法并将其应用到光伏发电项目决策中，以解决不同情况下的项目关键决策问题。本书的主要创新点体现在以下几个方面。

（1）针对光伏发电项目潜在风险因素多和不易识别的问题，建立了基于项目生命周期的风险识别和评估模型，分阶段系统地识别了影响光伏发电项目启动和运营的潜在风险事件，并运用失效模式与影响分析（FMEA）方法衡量了风险事件优先级。同时，针对风险评估过程中专家小组的决策共识形成方式不同，运用实验的方法验证了不同合作形式的专家小组决策表现是否有差异，帮助决策者选择更有效率的专家小组决策方式。

（2）针对光伏发电项目区位选择过程中专家评估的模糊性和认知有限

性，构建了基于可变精度粗糙集的光伏发电项目区位选择模型。该模型在传统粗糙集基础上，定义了刻画专家认知水平的参数——可变精度，提出了可变精度粗糙集，并将其应用到传统TOPSIS方法。该方法有效解决了区位选择过程中专家判断的模糊性和认知有限性，与模糊集理论需要假设先验信息相比，处理机制更加灵活。

（3）针对对光伏组件供应商评估缺乏从可持续视角出发和指标间存在相关关系的问题，构建了基于可持续供应链实践的评估指标体系，帮助企业对供应商的早期开发；针对专家判断的有限理性即算数平均和几何平均集成算子易受极端值影响的问题，开发了基于有序加权平均（OWA）算子的粗糙TODIM供应商评估模型。与其他方法相比，TODIM方法以考虑有限理性的前景理论为基础，OWA算子降低了专家极端评估值的影响。

（4）针对光伏发电系统不易识别关键部件故障的问题，运用FMEA方法分别识别了光伏组件阵列和光伏平衡系统可能存在的故障，并分析了它们的严重性、发生率和可探测性；针对故障风险决策过程中专家判断存在的模糊性和随机性的特征，开发了基于粗糙集和云模型理论的光伏发电系统故障风险评估模型，该方法同时处理了专家判断的多种不确定性，使得风险决策结果更贴近实际。

1.4 本章小结

本章首先介绍了研究背景，包括光伏发电产业在全球和我国的发展状况，探讨了光伏行业在我国发展过程中存在的问题，说明企业开发光伏发电项目时存在的不确定性，进而提出本研究所要解决的问题。在此基础上，明确了本书的研究意义、主要研究内容、研究方法及技术路线，并明确了本书的创新点。

2 文献综述

本章主要从光伏发电项目的四个关键决策问题和相关决策方法两方面对光伏发电项目决策进行回顾和总结。

2.1 光伏发电项目决策

光伏发电项目从启动到结束，一般要经历投资决策阶段、设计建设阶段和运营维护阶段。每个项目阶段都有关键决策点需要重点关注和解决，能否准确分析和评估这些关键决策点决定着项目的成败。采用科学的决策和评估工具能够准确地判断光伏发电项目发展状况，帮助决策者作出有效决策，促进光伏发电项目可持续健康发展。本书重点关注光伏发电项目的四个关键决策问题，包括光伏发电项目风险评价、光伏电厂选址决策、光伏组件供应商评价和光伏发电系统故障识别与评估。以下梳理了这四个关键决策问题的相关研究。

2.1.1 光伏发电项目风险评价

光伏发电项目从启动到最后电站运营需要经过漫长的过程，包括项目实施可行性，电站选址，与相关利益者（土地使用方、政府、电网公司等）协商，获得施工许可和授权，遵守相关法律法规要求，发电上网技术，等等。开发光伏发电项目，企业仅仅关注项目在经济收益上是否有利是不够的，在项目筹备过程中可能会发生意外情况导致项目进度延迟甚至项目停工等风险，如政局不稳定国家的战争风险、政策变动风险、罢工风险、法律风险等。因此，在开发光伏项目时对可能发生的风险进行识别和评估是十分必要的。国内外学者对不同类型的光伏发电项目风险种类进行识别，以提前预估和防范风险对项目造成的影响。例如，阿拉贡内斯－贝尔特兰（Aragonés–Beltrán）等识别了光伏发电项目的六种风险：政策性风险、技术性风险、经济风险、项目延时风险、法律风险和社会风险[4]，这些风险存在于项目实施的各个方面。卢埃蒂（Luethi）对德国、西班牙和希腊的光伏发电市场进行案例研究，分析发现与风险相关的因素（如政策不稳定和行政壁垒）比与回报相关的因素（如上网电价）对光伏投资决策有着更重要的影响[5]。黑泽尔顿（Hazelton）等识别了光伏混合微型电网系统项目的潜在风险，主要分为技术风险，如负载不确定、电能质量风险、设备故障、硬件兼容性、持续供应或存储的有限性；组织风险，如商业模式不完善、地理层面的远距离、供应与安装问题；社会风险，如社区融合；可持续性风险，如柴油成本与供应、未来连接性、利益相关者；金融风险，如恰当的定价和支付周期；安全风险，如操作员和组中用户的安全[6]。凯瑟（Kayser）通过对 69 个光伏市场参与者结构性访谈发现，现金流不确定性、供应链不可靠性及不完善的监管机构为抑制光伏产业需求驱动和可持续发展的风险因素[7]。郭哲根据风险评价理论和灰色层次分析法，对光伏电站建设过程中的风险进行识别，将光伏项目的风险划分为政策风险、技术风险、市场风险、管理风险、自然风险和社会风险[8]。邢春明则从光伏项目开发前期阶段、建设阶段和运行维护及管理阶段识别 19 种影响光伏发电项目的风险[9]。菲鲁兹（Firoozi）和埃格特萨迪法尔（Eghtesadifard）识别和评估了影响伊朗中低压太阳能光伏电站发展的风险，主要包括相关外部生产、法律、政策等环境风险；金融资源，如资金供给困难、财务波动、资本支出等；技术风险，如技术延迟、知识和经验的欠缺、因组件故障导致生产中断的风险；施工和设计风险，如组件供应商和建造商选择不当、无法获得建筑和使用许可；生产和运营风险，如低于供应产能的生产、营业费用等；分销与营销风险，如忽视责任、无法进入分销渠道、需求波动、竞争加剧；等等[10]。海上光伏发电以其节约土地资源、发电效率高、靠近负荷中心等优势受到广泛关注。然而，中国海上光伏发电仍处于起步阶段，高（Gao）等识别了海上光伏项目的风险，将其划分为经济风险，如初始投资风险、运维成本风险、偿付能力风险、金融风险等；技术风险，如设备选购风险、并网技术风险、光伏阵列设计风险、浮动支架设计风险等；环境风险，如政策支持风险、太阳能资源风险、海上环境风险、视效风险、生态破坏风险等；市场风险，如需求风险、市场竞争风险、电网接入风险等[11]。

梳理以上研究发现，大多数研究将光伏项目风险划分为经济风险、社会环境和自然环境风险、技术风险、市场风险等，并将这些被识别出来的风险作为评估指标来衡量待估项目的风险性，很少有学者直接对项目风险事件进行衡量和评估。

2.1.2 光伏电厂选址决策

选址对电厂未来发电量和收益至关重要。备选地址的气候条件、土地使用限制等都会影响项目最终运营效果[12]。因而，在光伏发电项目前期，决策者必须对潜在电厂建设地址进行评估，从而获取项目未来可能的最高发电量和投资回报率[13]。马里昂（Marion）等比较了位于佛罗里达州、俄勒冈州和科罗拉多州的光伏电站发电量，发现相同条件下气候最好地区的发电量比气候最差地区的发电量高出近60%[14]。光伏电站选址应综合考虑地区的气候条件、地理条件以及潜在的最大发电量等因素[15]，因此，光伏电站选址过程实际上是一个复杂的多属性决策过程。决策者需对备选电厂地址的光照时间、光照强度、土地、运输条件等进行充分了解[16]。已有学者构建指标体系来评价光伏电站的备选地址。例如，乌扬（Uyan）主要识别了环境和经济方面的因素作为评价光伏电站选址的主要指标[17]。塔赫里（Tahri）等使用四个指标来评价备选地址建厂的适用性，分别为位置、地形、土地使用和气候，发现气候是光伏电厂选址的最重要指标[18]。董（Dong）等构建了包含自然资源、生态因素、交通条件、环境因素以及社会因素的指标体系来评估七个备选地址用于建设太阳能和风能的混合动力发电站[19]。科拉克（Colak）等通过考虑太阳能潜力、地形地貌特点、变压器和电力传输线距离、交通条件、非地震区域、天然气管道区域和湖水区域、土地使用限制、居民区域等这些因素，评估和选择土耳其马拉蒂亚省适合建造光伏电站的区位[20]。赞布拉诺·阿桑萨（Zambrano-Asanza）等在以往研究的因素基础上，进一步考虑电力需求及其空间分布对光伏集成度提升的影响[21]。

一般而言，资源类指标、经济类指标及环境类指标是光伏发电项目选址研究中最常使用的。资源类指标主要有年均光照时间和年均太阳辐射量[22]；经济类指标有土地成本、组件成本、维修与维护成本[23]及投资回报率和资本净收益等[24]；环境类指标主要有二氧化碳排放量、生态环境影响、污染减排效益等[16,25,26]。此外，项目选址也不能忽略项目建设与本地社会因素间的相互影响。例如，当地地方能源政策对光伏发电项目的启动和后期运营的影响[26]。许多国家已颁布相关政策支持可再生能源发电项目的发展，如德国、法国、西班牙、中国、澳大利亚等。基于此，政策指标也是光伏电站选址过程中必须考虑的。公众支持则是影响光伏发电项目实施的另一个重要的社会指标[15,27]，主要体现在两方面：一方面，大型光伏电站安装大面积的光伏组件，组件会反射一部分太阳光，对周围居民视觉产生不利影响，一定程度上影响公众对光伏电站设施的接受程度[28]；另一方面，我国大部分光伏地面电站建在光照资源丰富的西部地区，而西部地区生活着较多的少数民族，可能因为信仰问题影响其对光伏电站的接受。总的来说，在评估光伏电站区位时，必须综合考虑资源、经济、环境和社会类指标。忽略任何一类指标都可能会影响光伏发电项目实施和未来运营。然而，在以往的光伏发电项目选址评价研究中，社会类指标常常被忽略。

关于选址方法，以往研究工作已经开发出许多可用于光伏电站和其他能源项目选址的决策技术。例如，塔赫里等应用了地理信息系统（GIS）和层次分析法（AHP）来评估光伏电站的位置[18]。常（Chang）开发了一种多目标编程模型，可为不同类型的可再生能源发电设施选择恰当的建设地址[25]。董等运用ELECTRE-Ⅱ评估了风能和太阳能混合电站的七个备选地址[19]。马莱基（Maleki）等集成了GIS、人工蜂群优化和仿真，构建了确定光伏组件的尺寸和安装地点的决策框架[29]。阿吉耶库姆（Agyekum）等提出了一种新方法，通过将层次分析方法和使用地理信息系统的基于密度的聚类相结合，为加纳选择合适的开发太阳能发电场地址[30]。赞布拉诺·阿桑萨等使用基于地理信息系统的多准则决策（Multi-criteria Decision Making，MCDM）和电力负载空间叠加来定义连接到中压水平的光伏电站的最佳地址。这项工作的主要特点是使用高分辨率信息对需求进行空间表征并进行密度分析[31]。尽管上述方法可以协助投资者选择合适的地点来实施光伏发电项目，但决策过程往往含有不确定信息影响最终决策结果，以上方法无法处理不确定环境中的模糊性因素，因为这些方法使用确定值来影响决策者的判断。

为了处理判断中的模糊性和主观性因素，研究中常使用模糊集理论，它可将决策者接收到的不完整的信息和无法量化的信息纳入决策模型中[32]。以往研究经常将该理论整合到多属性决策方法中来选择能源项目地址。例如，李（Lee）等提出了一种混合的模糊多属性决策方法，集成了结构建模、模糊ANP和VIKOR来选择光伏电站地址[23]。桑切斯·洛扎诺（Sánchez-Lozano）集成模糊集理论和TOPSIS方法来评估太阳能热电厂的选址[33]。佐吉（Zoghi）等通过模糊逻辑、加权线性组合和多属性决策优化了光伏电站的选址过程[34]。吴（Wu）等结合直觉模糊语言变量和ELECTRE-Ⅲ选择海上风电场地址[35]。党（Dang）等构建了一个集合AHP、熵权法、λ-模糊测度法和VIKOR法的模型来选择合适的海岛光伏充电站选址[36]。基于模糊集理论的方法可以量化决策者判断的模糊性，可改善电站选址过程中的主观评估。在这方面，模糊集理论是有效和适当的。但是，由于模糊隶属函数和数据分布是预设的，模糊集理论缺乏灵活性，不同决策者的判断模糊数的边界区间是固定的[37]。粗糙集理论是另一种可使用区间数表达判断模糊性的技术。该理论比模糊集理论更灵活、客观，因为它不需要任何先验信息。由于其具有有效性和优越性，粗糙集理论已被很多研究应用处理模糊判断，如产品服务系统推荐[38]、可持续供应链管理[39]和可持续供应商选择[40]。但是，到目前为止，该理论尚未被应用于光伏发电项目选址领域。

2.1.3 光伏组件供应商评价

光伏电站将太阳能转换为电能的过程不排放二氧化碳和有害物质，电能生产过程是清洁的、绿色的。但从光伏发电项目的上游产业链，即光伏产品制造端来看，生产过程会排放较多的污染物和有毒物质，造成严重污染，还会消耗大量的资源和能源[41]。同时，光伏产品制造端对社会也产生一定影响。例如，光伏制造业可为社会创造就业机会，同时也带来负面影响，如若不及时处理生产过程排放的有毒物质，容易对工作人员的健康造成危害[42]。光伏产品制造过程中的能源消耗和污染排放对光伏发电项目的可持续发展具有重要影响。若项目上游供应商的生产活动是有严重污染的，那么发电项目应用端又怎么谈得上是清洁无污染的呢？所以，光伏产业链整体是环保的、清洁的，才有助于光伏发电项目的健康、可持续发展。因此，光伏发电项目管理者在项目建设过程中有必要对供应商可持续发展进行评价，这将反向促使供应商采取更为清洁的生产方式和管理模式提升其产品的绿色性，进而促进光伏发电项目整个供应链的可持续性[43]。

目前已有大量关于绿色供应商评价和绿色供应链管理方面的研究，这些研究大多强调供应商或供应链对环境产生的影响[44]。比蒙（Beamon）认为绿色供应链是传统供应链的延伸与发展，主要目的是减少产品在其生命周期中对自然环境的不利影响[45]。在传统供应链中应引入环境指标来评估供应链的环境绩效，如绿色设计、回收利用、资源节约以及污染排放减少等。绿色供应链进一步延伸发展为可持续供应链[46]。与绿色供应链着重强调供应链管理的环境方面不同，可持续供应链将管理延伸到更广阔的视角，包括生产系统的经济、环境和社会方面以及后期生产管理[44]。梳理以往研究发现，衡量供应商经济的指标主要有产品质量[47,48]、灵活性[49,50]、产品收益[51,52]、成本[51,53]及技术创新[53,54]。描述供应商环境的指标主要有污染排放[48,55]、能源消耗[56]及环境管理[46]。衡量供应商社会方面的指标主要有健康与安全[57]、监管[58]、人权[50]、创造工作[59]及员工工作满意度[60]等。然而，这些指标评估体系一般同时包含实践类指标和绩效类指标。一些学者已探讨了实践类指标与绩效类指标之间的关系。通常，实践类指标对企业的绩效有显著的积极影响[61]。因此，利用实践类指标来评估和选择供应商更加简单便捷，可帮助管理人员更迅速地关注目标供应商，这对于供应商的早期开发非常重要。然而，目前基于实践类指标体系的供应商评估研究还很缺乏，将可持续供应链管理实践作为供应商评估指标的研究较少，而对光伏发电项目供应商的研究更是少之又少。采用可持续供应链管理实践的光伏供应商可有效提升整个光伏产业链的经济、环境和社会绩效，因而，本书将以可持续供应链管理实践作为评估光伏发电项目供应商的指标。

从评估供应商的方法来看，供应商的选择和评估可以视为多准则决策问题[62]。很多研究应用多属性决策方法选择和评估供应商。例如，戴伊（Dey）和切菲（Cheffi）使用层次分析法来衡量英国制造企业的绿色供应链绩效[63]。许（Hsu）和胡（Hu）将 AHP 的一种通用形式——网络分析法（ANP），应用于供应商的选择[64]。卢斯拉（Luthra）等提出了综合 AHP 和 VIKOR 方法的集成框架，从经济、环境和社会层面评估可持续供应商[50]。斯蒂维奇（Stević）等开发了一种新的 MARCOS 的排名方法，用于波斯尼亚和黑塞哥维那医疗行业或综合诊所的可持续供应商选择[65]。尽管这些方法的运用可帮助采购经理选择合适的供应商，但是在不确定的环境下，尤其是当所提供的信息不正确和不充分时，决策者的判断是主观而模糊的。以上方法在决策过程中并未考虑决策者的主观性和模糊性。模糊集理论可以有效地解决决策者的模糊性和主观性，是供应商评估方法中最常用的模糊表达方法[66]。例如，用基林奇（Kilincci）和奥纳尔（Onal）集成模糊理论和AHP方法来选择供应商[67]。曾（Tseng）和邱（Chiu）运用模糊集理论来评估供应链中的绿色供应商[68]。坎南（Kannan）等提出了一个模糊的TOPSIS评估巴西电子公司的供应商的环境绩效[69]。罗斯塔姆扎德（Rostamzadeh）等在直觉模糊环境中应用基于VIKOR的方法来评估绿色供应链管理实践[70]。古普塔（Gupta）和巴鲁阿（Barua）使用最佳－最差方法和模糊TOPSIS方法在中小型企业中选择供应商[71]。林（Lin）等开发了一种近似的模糊DEMATEL方法来评估可持续供应链管理[72]。曾（Zeng）等提出了一种基于模糊信息的可持续供应商选择方法，该方法集成了基于单值中性集的混合加权相似性测量方法和熵测度方法，以克服单值中性集的多属性决策方法[73]。刘（Liu）等提出了一种混合模糊对称MCDM模型来帮助新能源汽车制造商选择能够与他们携手合作以提升创新绩效的创新供应商，该模型将模糊语言集、最佳－最差方法（BWM）、前景理论与VIKOR相结合，构成了可评估供应商的混合模型[74]。因此，基于模糊集理论的多属性决策方法是处理决策者判断模糊信息的有效工具。然而，如前所述，基于模糊集理论的方法需要先验信息，如数据分布、模糊隶属函数等，这些先验信息的确定同样依赖于决策者的经验知识。主观性和模糊性只能通过模糊集理论得到部分解决。针对模糊集理论方法在处理模糊信息方面的不足，也有学者将粗糙集理论应用到供应商选择判断中。例如，刘（Liu）等开发了直觉语言粗糙数用以准确表达专家团队对可持续供应商选择的观点和评价，并考虑了专家间的互动关系；同时，将直觉语言粗糙数集成在MULTIMOORA方法中用来评估共享电力、银行的可持续供应商[75]。

此外，上述文献中的研究方法大多是理性选择模型，潜在地假设决策者是完全理性的，并且总是寻求风险最小或效用最大的。然而，在实际决策中，决策者往往是不完全理性的。西蒙（Simon）提出了有界理性概念来对不完全理性进行定义[76]。基于这一概念，卡尼曼（Kahneman）和特沃斯基（Tversky）通过大量调查发现在不确定环境中，人们的实际判断偏离了期望，然后他们提出了前景理论来描述这种现象[77]。在前景理论中，根据相对于参考点的收益或损失而不是最终的财富作出决策。例如，企业家期望一个项目的收入为100万美元，但是，在项目结束时的收入为150万美元，增加了50万美元。在这种情况下，企业家的期望值（100万美元）是参考点，150万美元是最终财富。通常，50万美元是企业家决策的基础，而不是150万美元。两位学者都证明有限理性会影响人们决策的最终判断结果。然而，回顾光伏组件供应商评估的相关文献，发现很少有研究考虑有限理性的影响。

2.1.4 光伏发电系统故障识别与评估

光伏发电项目建成后进入运营阶段，电站发电除了一部分自用外，大部分需要连接到电网[64,78]。虽然光伏发电被认为是清洁的电能来源，但光伏发电上网电流必须是稳定的、可持续的，才能保证电网系统免受破坏。然而，光伏发电设备，尤其是光伏组件模块的性能可能会失效或退化，这将影响光伏发电系统的稳定性[79,80]。因此，有必要分析光伏发电系统可靠性。

以往关于光伏发电系统可靠性分析主要集中在光伏组件模块部分，如改进技术来监测和估算光伏组件的电参数[81]，或表征组件电池的电容电压特性来分析光伏组件[82]。这些研究主要是通过技术层面提升组件运行性能。而识别和分析光伏发电系统的潜在故障，才能对发电系统的可靠性进行评估。预测光伏发电系统的潜在故障事件、衡量它们发生的风险，可为管理者运营发电项目提供预警，提高光伏发电系统的运行效率。目前，针对光伏发电系统运行故障识别和风险分析的研究还比较少。科利（Colli）运用失效模式和影响分析（Failure Mode and Effects Analysis, FMEA）方法研究了光伏发电系统的可靠性，首先识别了光伏系统的潜在故障事件；其次分析和评估了这些潜在故障事件的严重性、发生率和可探测性；最后按照传统FMEA计算方法，获得了每个潜在故障事件的风险优先数（Risk Priority

Number, RPN），据此判断光伏发电系统的每个故障事件风险的大小[83]。余荣斌提出了一种不同于 FMEA 的、新的组件可靠性评估方法，通过分析组件故障的关键性能指标、维修费用和发生率（PWO）来对光伏组件的失效风险进行评估[84]。为了提高对光伏项目生命周期中技术风险管理关键因素的理解，摩泽（Moser）等尝试对光伏项目实施基于成本的 FMEA 分析，估算由于规划失败、系统停机和组件更换 / 维修造成的经济损失[85]。本书将运用 FMEA 方法对光伏发电系统的潜在故障风险进行分析，不同于科利和摩泽等的研究，考虑到传统 FMEA 方法在实际工业应用中的不足和缺点，本书改进了传统 FMEA 方法。

FMEA 是一种可靠性方法，被广泛应用于航空航天制造、汽车制造等行业，用来评估和消除产品、服务和系统中可能存在的故障风险[86]。该方法跨越了系统从下至上所有的层次结构，识别出系统中所有部件可能存在的任何故障风险[87]。因而，FMEA 方法也是一种自下而上的研究方法。传统 FMEA 通过计算风险优先数，即 RPN 值，来获得潜在故障模式的风险优先级。RPN 由三个风险因素［即严重性（severity）、发生率（occurrence）和检测性（detection）］的评级相乘获得。这三个风险因素的值在 1 ~ 10 之间变化，数值越大说明对应风险因素发生的概率或程度越高[88]。尽管 RPN 值的计算过程非常简单，但传统的 FMEA 在实际工业应用中存在一些缺点。例如，三个风险值相乘获得 RPN 值，每个风险因素在计算中的权重是一样的，具有相同的重要性；再比如，由于不确定环境的存在，专家对潜在故障风险因素的评价通常是主观的和不精确的，但在 RPN 计算过程中，专家提供的风险评价往往是确定数[89-91]。因此，有必要对传统 FMEA 方法进行改进，加入对专家模糊或不精确判断的处理机制，使得改进的 FMEA 方法适应光伏发电系统故障风险评估的不确定环境。

以往学者已开发了较多方法来克服传统 FMEA 方法的弊端，提高失效模式风险评估的准确性和效率。刘（Liu）等发现基于模糊集理论改进传统 FMEA 的方法最多[92]。但从上文分析可知，模糊集理论需要专家预设隶属度函数，增加了评估过程中的主观性。除此之外，模糊集理论还有其他缺点，包括：基于模糊的 FMEA 方法需要建立许多规则，这对专家来说非常耗时；大多数模糊 FMEA 方法都是基于一型模糊集理论的，即模糊区间中任意值的隶属度都是确定的[93]，这与模糊集理论中不确定假设是自相矛盾的[94]。二型区间模糊集在一型模糊集基础上改进，设定隶属度是模糊的，并以区间数表示这种模糊性[95]。博兹达（Bozdag）等运用二型区间模糊集来处理失效模式风险评估中的模糊信息[96]。然而，二型区间模糊集忽略了区间数的不确定性，即随机性。综合以上分析，出于改进一型和二型模糊集理论在处理不确定信息时的不足，本书将综合粗糙集理论和云模型理论，进一步提升 FMEA 方法对故障风险评估的准确性。粗糙集理论相对于模糊集理论的优势已在上文作了简要说明。为了解决一型模糊集不考虑隶属度不确定性和二型模糊集不处理随机性的问题，云模型理论可同时处理判断的模糊性和随机性问题。一些学者已将云模型理论与 FMEA 方法相结合，例如，廖（Liao）等将云模型理论集成到 FMEA 方法中衡量电力变压器的故障风险优先级[97]。刘（Liu）等将云模型理论引入 PROMETHEE 方法中来改进 FMEA 群体决策中的专家决策活动[98]。同样的，潘瓦尔（Panwar）等也将云模型理论集成到 PROMETHEE 方法中，通过对系统的故障原因进行排序，帮助维护人员确定关键部件，选择最佳维护策略[99]。但是，目前尚无研究将粗糙集理论与云模型理论相结合来处理风险评估中的不确定性以改善传统 FMEA 的研究。

2.2 不确定环境下的多属性决策理论方法

2.2.1 多属性决策方法

多属性决策（Multi-attribute Decision Making，MADM）方法是多准则决策（MCDM）方法的重要组成部分，与多目标决策（Multi-objective Decision Making，MODM）一起构成了多准则决策体系，是运筹学和管理学的重要分支之一[100]。对连续多目标决策方法来说，MODM 基于两个或两个以上的优先目标选择最优方案。国内外学者对多目标决策问题的研究大多是基于线性规划的目标规划问题，属于运筹学中数学规划的范畴[101,102]。相比之下，离散的多属性决策问题根据优先属性从给定的备选方案列表中选择最佳备选方案。相关研究主要集中在算法和数学理论的发展，已经成为运营研究的一部分，与支持专家对属性的主观评价的计算设计和数学工具有关[103]。当存在属性值表达形式不统一造成的属性值无法集成的情况时，可运用离散多属性决策方法对备选方案进行综合排序，如 TOPSIS、AHP、ANP、GRA、ELECTRE、PROMETHEE、VIKOR、TODIM 等方法。离散多属性决策方法的发展可有效地集成不同属性的信息，帮助决策者获得想要的备选方案。但由于专家判断的主观性及知识和经验的有限性，往往在决策过程中存在模糊和不确定信息，因此属性信息多以模糊值出现。传统的多属性决策方法需要适应新的模糊环境。随着外部环境的复杂多变，决策问题也变得日益复杂，主要表现在：属性信息的表达形式要求尽可能准确地描述模糊信息；多个专家参与的决策评价需要合适的集成算子，以合理表现群决策结果。

如前文所述，多属性决策方法已被广泛应用于光伏发电项目决策领域，解决项目决策过程中的风险识别、电站选址、可持续供应商评估及运营后发电系统可靠性评估等，帮助项目决策人员提高决策准确性。然而，已有多属性决策方法在解决专家判断过程中的模糊信息时存在不足，本书将在以往研究的基础上，改进现有的模糊多属性决策方法，进一步提升光伏发电项目决策的准确性。

2.2.2 不确定语言变量

在多属性决策中，一般假设决策者具有完全认知，可根据备选决策方案的背景信息作出准确判断。然而，在实际决策活动中，尤其在多名专家组成的专家团队群决策中，个人有限的工作经验及知识水平，还有专家间存在的差异性，使得决策判断过程往往存在主观和模糊信息。专家常常使用模糊语言来说明对评价对象的偏好。因此，专家判断是主观的、定性的，由此增加了判断的不确定性。基于此，已有大量研究先后提出了一系列处理模糊评估或不精确语义评估问题的数学理论工具，如模糊集理论[104,105]、粗糙集理论[40,106]、灰色理论[107,108]、Z 数[109,110]、云模型理论[93,111]等。这些不精确语义评估方法在处理定性指标中的不确定性或模糊性方面是合理和有效的。其中，模糊集理论发展最为广泛和深入，还可细分为各类模糊语言表达形式，如三角模糊数、直觉梯形模糊语言、犹豫直觉模糊语言、对偶犹豫模糊语言等。该理论以区间方法支持决策算法，意味着区间数将用于表示对属性的判断值。然而，区间数的边界是很难界定的，模糊集理论主要依靠决策者的经验、直觉、主观感知来确定模糊边界。因此，在模糊集理论中，需要设定一些先验信息，如在处理模糊信息之前由专家构建模糊隶属度函数，制定大量的模糊 if–then 规则等，不仅本身存在着不确定，增加了决策的主观性，还需要在先验信息确定过程中消耗大量的时间和精力[112]。与模糊集理论相比，粗糙集则无须设置先验信息，仅根据专家的原始判断数据得到上近似集和下近似集，进而获得表示主观和不确定信息的区间上界限和下界限[37]。

此外，模糊集理论还存在一些不足，如 2.1.4 节所述，一型模糊集设定隶属度值是确定的，与模糊集自身处理模糊信息的本质相违背；二型模糊集虽然在一型模糊集的基础上考虑了隶属度值的不确定性，但隶属度只是区间值，区间值也是相对固定的，该方法忽略了区间的不确定性[113]。云模型理论则在此基础上解决了二型模糊集理论的不足，在该理论中，隶属度既不是某个确定的值也不是区间，而是一系列离散点，它同时考虑了专家判断的模糊性和随机性[113]。

基于以上相关不确定（或模糊或不精确）评估语义处理理论，大量的研究将这些理论整合到多属性决策方法中，以更好地解决模糊判断问题，获得合理准确的备选方案排序。本书将着重改进粗糙集理论和云模型理论，将这两个理论集成到现有多属性决策方法中，为光伏发电项目决策问题提供合理方案。

2.3 文献评析

通过对多属性决策理论方法和光伏发电项目实际决策应用分析，可以看出，尽管不确定决策理论方法以及光伏发电项目决策的研究已经取得一定的成果，对决策者准确作出判断起到良好的支持作用，具有较高的理论价值和实践意义，但仍然存在一些问题，亟须进一步完善和发展。

（1）以往对光伏发电项目风险识别大多从政策、经济、技术、法律等角度，通过这些因素评估备选光伏项目的风险性，缺乏从项目生命周期不同阶段来识别风险事件的步骤。此外，以往研究大多使用 AHP 和 ANP 方法，采用多名专家群决策的方式对项目风险进行评估，很少有研究考察不同任务复杂度下，面对面小组和分散小组的决策表现是否一致。

（2）对光伏发电项目选址决策而言，资源类指标、经济类指标及环境类指标是选址研究中最常使用的，而社会因素的影响却常常被忽略，某一类指标可能会影响光伏发电项目实施和未来运营。从选址方法来看，GIS 系统、AHP、ELECTRE-Ⅱ、模糊 ANP、模糊 VIKOR、模糊 TOPSIS 等方法是以往学者常采用的决策方法。判断中的模糊性和主观性常常使用模糊集理论处理，该方法需要预设模糊隶属函数和数据分布，增加了专家判断的主观性，且缺乏灵活性。

（3）对光伏发电项目组件供应商选择而言，尚缺乏对组件供应商全面评估的研究。虽然已有很多学者对绿色供应商进行评价，但这些研究大多强调供应商对环境的影响，缺少可持续发展视角。指标评估体系一般包含实践类指标和绩效类指标，而实践对企业的绩效有显著的积极影响[61]。因此，应消除指标间的相关性。此外，集成不同专家决策较多使用算数平均集成算子和几何平均集成算子，这两种算子容易受极端值的影响。最后，大多数供应商评估方法是理性选择模型，潜在假设决策者是完全理性的，这与实际情况存在差异。

（4）对光伏发电系统潜在故障风险评估而言，以往研究主要集中在光伏组件模块部分，缺乏对整个发电系统的故障风险评估。此外，从方法来看，PWO 和 FMEA 方法被用来评估光伏系统潜在故障风险。然而，这些方法没有考虑专家判断的模糊性和主观性。粗糙集理论虽然较模糊集理论更加灵活，但无法解决专家判断的随机性问题。

3 光伏发电项目管理决策框架

3.1 引言

我国生态文明建设和可持续发展的一个关键实现路径是电力行业的低碳化，而可再生能源发电项目的发展是实现电力低碳化的有效途径之一。太阳能是可再生能源之一，已被许多国家开发并应用于发电。光伏发电是太阳能发电的一种主要技术，发展迅速。由于光伏发电发展时间较短，技术还未完全成熟，在能源政策、发电价格、发电系统稳定性等方面仍存在着很大的不确定性，这些使得投资主体在项目管理决策中面临很多风险。建立完整有效的项目管理决策框架，全面评估光伏发电项目管理中的决策问题，对项目主体作出有效和准确的判断具有非常重要的战略意义。光伏发电项目管理决策是一个系统的、涉及项目各生命周期阶段的决策过程，它以项目投资决策为开端，到项目运营为止。设计一套基于生命周期的光伏发电项目管理决策框架和具体的决策方法模型，可提升光伏发电项目运营管理的绩效水平。

在前文研究现状分析的基础上，本章设计了基于生命周期的光伏发电项目管理决策总体框架。本章的主要内容包括：①光伏发电项目特点分析；②我国光伏发电项目发展状况；③光伏发电项目生命周期阶段及其关键决策点；④光伏发电项目管理决策框架构建；⑤决策框架的先进性分析。具体研究路线如图 3–1 所示。

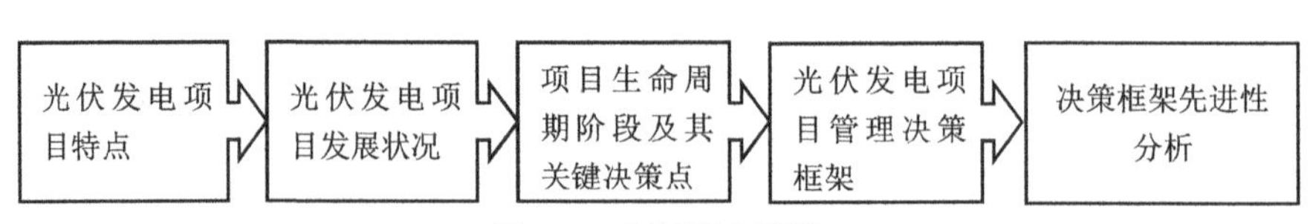

图 3–1 本章研究路线

3.2 光伏发电项目特点分析

3.2.1 资源丰富，发电过程绿色清洁

首先，传统化石能源发电（如火力发电技术）使用的资源是有限的。据中国工程院重点咨询研究项目“我国煤炭资源高效回收及节能战略研究”中测算的数据显示，目前我国“绿色煤炭资源量”约占总资源的10%，按现有条件，仅可再开采40 ~ 50年。相比之下，光伏发电技术采用太阳能资源，具有取之不尽、用之不竭的特点，可以持续为电站发电提供资源，无须担心资源的耗竭问题。同时，太阳能资源在不同地区的资源禀赋存在差异，主要体现在光照时间和太阳能辐射量。光伏发电站应优先选择建在光照时间长、太阳辐射量高的地区。相比于传统火力发电需要将煤炭资源从开采地运输到火电厂，太阳能资源即采即用，减少了运输成本。此外，在能量转换过程中，火力电站在发电过程中会排放二氧化碳、二氧化硫等污染性气体，对大气和人体健康都会产生危害。光伏发电则不排放影响生态环境的污染物。由此可见，相对于传统化石能源发电，光伏发电是清洁和可持续的发电项目。

3.2.2 项目建设模式多样

光伏发电站主要由光伏组件构成，单个组件即可构成一个发电单元。常见的组件尺寸面积为1.635平方米和1.938平方米，组件安装对占地面积的要求不高。目前，已催生出建设模式多种多样的光伏发电项目。例如，可以建在平坦广阔地面上、规模较大的集中式地面光伏发电项目，还可以建在屋顶上、建筑墙体上、水上（即渔光互补）、养殖大棚上（即农光互补）等规模较小的分布式光伏发电项目，形式自由而多样。一般来说，光伏发电项目选址灵活，不受空间和地面的限制。投资者可依据市场需求、技术条件、政策支持等选择合适的光伏发电项目，在此基础上，再选择适

宜开发该类项目的区位。但所有项目类型都要求太阳能资源是丰富的、太阳辐射量较大，以保证电力资源的稳定性和持续性。本书研究的光伏发电项目仅针对集中式光伏地面电站。

3.2.3 项目建设周期短，运营周期长

与其他发电项目（如火电、水电、核电等）建设相比，光伏发电项目的建设相对简单、容易，从项目立项、项目开工建设，到项目完成所需时间较短，大致需要 3 个月到 6 个月的时间。项目完成时间按电站建设规模的不同而不同。虽然光伏发电项目从立项到建设完工的时间较短，但是光伏电站的运营期较长。按照国家标准，光伏电站的设计使用寿命为 25 年，有的甚至能达到 30 年。因此，光伏发电项目具有建设周期短，运营周期长的特点。

3.2.4 项目初期投资额较高

在前期投资建设过程中，光伏发电项目需要消耗大量资金。其中，大部分资金用于购买建设光伏电站所需的设备，如光伏组件、逆变器、支架等，一部分资金作为建筑工程费用、安装工程费用及土地征用费用等。而光伏发电项目运营期所需投资费用包括设备维修费用、保险费用及人工成本等，占总体投资比例较小。对大部分企业来说，投资资金的来源，除了一小部分是自有资金外，其余大部分通过银行贷款支持。

3.2.5 项目不确定因素较多

一般情况下，项目初期不确定性因素较多，无法完成的风险最高。随着项目不断推进，不确定性逐步降低，项目不成功的风险也随之降低。这种一般项目风险变化规律对光伏发电项目也同样适用。虽然我国光伏组件产量、新增光伏装机容量和累计光伏装机容量已连续多年位居全球首位，但全球光伏市场从初期发展到现在也仅仅过了 20 年左右的时间，光伏发电

技术还不够成熟，光伏市场还不够稳定，政策支持也随着市场变化而不断调整。因此，启动和实施光伏发电项目仍存在着较多不确定因素，主要包括以下几方面。

3.2.5.1 不同地区的太阳能资源禀赋和气候条件不同

我国太阳能资源丰富，然而由于幅员辽阔，不同地区的太阳能资源禀赋度差异较大。光伏发电量规模易受区域资源禀赋的影响。例如，我国西部大部分地区位于太阳能资源丰富带，地面开阔，适宜开发集中式光伏电站。但是，我国人口主要集中在东部和中部地区，西北地区和西南地区人口较少、工商业不发达。因此，电力需求较大的地区主要位于我国太阳能资源较少的中东部地区，而光伏发电站主要建在我国西部地区。对电力供应和需求间的缺口进行平衡和弥补需要建造输电网络，将电力从西部地区输送到中东部地区。这需要大量的资金投入，成本必然升高，风险也显著上升。很多企业无法承担输电网络建设所需资金，很可能在运营期由于卖不出电而导致停运，出现“弃光限电”现象。

此外，电站所在区域的气候变化和自然灾害也对光伏发电项目产生较大的不确定影响，如洪涝灾害、雷电、雪灾、飓风等不仅影响光伏发电的稳定性，降低发电规模，严重时甚至会破坏光伏发电系统和发电设备，对项目造成致命性损失。

3.2.5.2 政策连续性不稳定

光伏发电项目发展受政策扶持影响较大。项目运营期发电规模容易受气候变化和自然条件的影响，发电量是不稳定的，而项目初期投资占用资金较多，在光伏产业规模未达优势前，与传统化石能源发电项目相比，光伏发电项目的成本较高，投资风险较大。在没有政府政策支持的情况下，银行一般不太愿意为高风险项目提供贷款，进而企业也不敢进入高风险行业。在这种情况下，光伏发电项目要想获得投资，亟须政府颁布激励和优惠政策加以扶持。补贴方案的选择、上网电价的制定等政策决定着光伏发电项目的发展。若政策制定缺乏连续性，未及时根据光伏产业发展基础和技术条件的变化进行调整，那么光伏发电项目的投资风险将变大，这会降低投资者对光伏发电项目投资的热情，影响光伏产业的健康发展。一般而言，光伏发电项目在全球各地的发展规律为：政策支持→项目获利→扩大规模→电池技术进步降低发电成本→电价下降至传统能源发电电价→进入完全竞争市场。由此可见，国家政策支持对光伏发电项目发展至关重要，政策变化也是光伏发电项目面临的不确定因素之一。

过去的十几年里，我国光伏发电项目的蓬勃发展离不开国家政策的支持，具体见3.3节的分析，中国政府颁布多项政策促进光伏产业发展，如光伏扶贫项目、金太阳项目等。一旦政策收紧，光伏发电项目的发展便受到限制。再如，国家终端用户用电需求与日俱增，在传统火力发电受资源限制的情况下，光伏发电可不受地域的限制，有效缓解用户用电需求。然而现阶段个别光伏发电项目却出现了“弃光限电”现象，已建项目被严重浪费。这说明我国光伏发电市场的发展主要还是依靠政策导向，市场发展还不完善。不健全的光伏发电市场增加了光伏发电项目发展的不确定性。

3.3 我国光伏发电项目发展的状况

3.3.1 光伏发电项目的主要发展阶段

我国光伏发电项目的发展主要经历了四个阶段：初期试验阶段（2007年以前）、产业化发展阶段（2007—2010年）、规模化发展阶段（2011—2017年）、完全市场竞争阶段（2018年至今）。我国光伏产业从初级规模逐步走向成熟的背后是国家出台的一系列光伏政策的大力扶持。表3–1 ~ 表3–4总结了与光伏产业发展相关的主要政策，每一项政策的实施都推动了我国光伏产业的成长和可持续发展。现在我们来具体看一看我国光伏发电项目各阶段的发展状况。

表 3-1 我国光伏发电行业初期试验阶段（2007 年以前）的相关政策

主要政策	发布时间	发布单位	主要内容
中国光明工程	1997 年 5 月 7 日	国家计划委员会	开发利用风能、太阳能等再生能源，为远离电网的无电地区提供电力，从而改变当地贫穷落后的面貌
送电到乡工程	2002 年 10 月 15 日	国家发展计划委员会	利用西部地区丰富的太阳能和风能资源，建设光伏电站和风力电站，解决西部地区无电乡村生活用电难的问题

3.3.1.1 初期试验阶段（2007 年以前）

19 世纪 30 年代末，法国物理学家贝克勒尔在一次物理学实验时偶然发现了光生伏特效应，悄悄拉开了将太阳光转化为电能产业发展的序幕。20 世纪 70 年代，美国建成了 100kW 的光伏发电站，但光伏装机容量很小，直到 20 世纪末，全球累计的光伏装机容量也仅为 1GW 多。光伏发电项目真正发展是从 2001 年开始。以全球气候变化为契机，越来越多的国家发展光伏发电项目以便推广清洁能源的使用。这个时候，欧洲国家、美国和日本为光伏发电项目的主要市场。在 2007 年前，我国的光伏产业发展还主要以光伏制造业为主。受欧洲国家大力支持光伏产业致使需求增长的刺激，我国光伏制造业快速成长并形成规模，我国生产的 95% 光伏组件产品以上要出口，占出口额 70% 的产品销往欧洲。

我国光伏发电项目相比于欧美国家发展较晚，初期发展十分缓慢。光伏发电项目的开端以我国扶贫工程开始，见表 3-1。我国首次实施光伏发电项目是以 1997 年的国家计划委员会制定的“中国光明工程”开始，利用太阳能发电是当时全国扶贫工作之一，持续到现在。2002 年，为解决西部地区偏远乡镇用电难的问题，国家发展计划委员会实施了“西部省区无电乡村通电工程光伏电站建设项目”，即“送电到乡工程”，通过推动光伏发电站的建设来为这些无电地区供电。该项目的实施标志着我国光伏发电项目踏上了发展之路。2004 年，国内首座兆瓦级光伏发电项目——深圳园博园光伏发电站建成，它是当时亚洲规模最大的并网光伏电站，成为我国并网光伏发电的里程碑。2005 年，我国西藏羊八井并网光伏电站建成，是我国第一座与电力系统高压并网的光伏地面电站。在此阶段，我国光伏发电项目没有标杆电价，项目的启动资金依靠国家初始投资补贴。因此，我国光伏发电项目发展较为缓慢，该阶段累计装机容量为 80MW。

表 3-2 我国光伏发电行业产业化发展阶段（2007—2010 年）的相关政策

主要政策	发布时间	发布单位	主要内容
《可再生能源电价附加收入调配暂行办法》（发改价格〔2007〕44 号）	2007 年 1 月 11 日	国家发展和改革委员会	国家规定可再生能源电价附加征收标准提高至 2 厘 / 千瓦时
《关于加快推进太阳能光电建筑应用实施意见》（财建〔2009〕128 号）	2009 年 3 月 23 日	财政部、住房和城乡建设部	意见主要包括三部分：推广光电建筑的意义、“太阳能屋顶计划”、财政扶持政策以及建设领域政策支持等
《关于 2008 年 7—12 月可再生能源电价补贴和配额交易方案的通知》（发改价格〔2009〕1581 号）	2009 年 6 月 17 日	国家发展和改革委员会、国家电力监管委员会	明确了 2008 年下半年可再生能源电价附加资金补贴范围。首次对光伏发电项目实施补贴
《关于实施金太阳示范工程的通知》（财建〔2009〕397 号）	2009 年 7 月 16 日	财政部、科学技术部、国家能源局	支持发展各类光伏发电示范性项目的发展，每个省（区、市）申报的示范性项目总规模不超过 20MW

3.3.1.2 产业化发展阶段（2007—2010 年）

2007—2010 年，我国光伏发电项目进入产业化发展阶段。在金融危机暴发的背景下，欧洲国家对光伏发电的补贴力度减少，光伏产品价格下跌，由此引发了光伏发电项目的抢装潮。2007 年，我国成为世界上最大的太阳能电池生产国，产量约占全球产量的 33.33%。此后，太阳能电池产量以年均超 100% 的速度增长，连续 4 年产量均为全球第一。我国生产的太阳能电池主要以出口为主，90% 以上的产品销往国外市场，2010 年出口额达到202亿美元。

同时，我国出台了一系列政策支持光伏发电项目的发展。表3–2列出了2007—2010年产业化发展阶段我国出台的一系列光伏发电项目政策，包括将可再生能源电价附加征收标准从2006年的1厘/千瓦时提高至2007年的2厘/千瓦时（发改价格〔2007〕44号），对已建成的光伏发电项目补贴（发改价格〔2009〕1581号），如“金太阳示范工程”（财建〔2009〕397号）和“光电建筑应用示范工程”（财建〔2009〕128号）等。从图3–2中可以明显看到，2007—2010年我国光伏发电新增装机容量每年以超过100%的速度增长，最高增幅为2009年的425%，远远高于当年全球新增光伏装机容量的增幅。通过实施核准电价（2007—2008年）和特许权招标项目招标电价（2009—2010年）明确了上网电价，为未来光伏发电项目的发展奠定了基础。经过一系列激励性的政策，特别是“金太阳示范工程”和“光电建筑应用示范工程”两项政策的鼓励，国内的光伏发电项目正快速产业化发展。

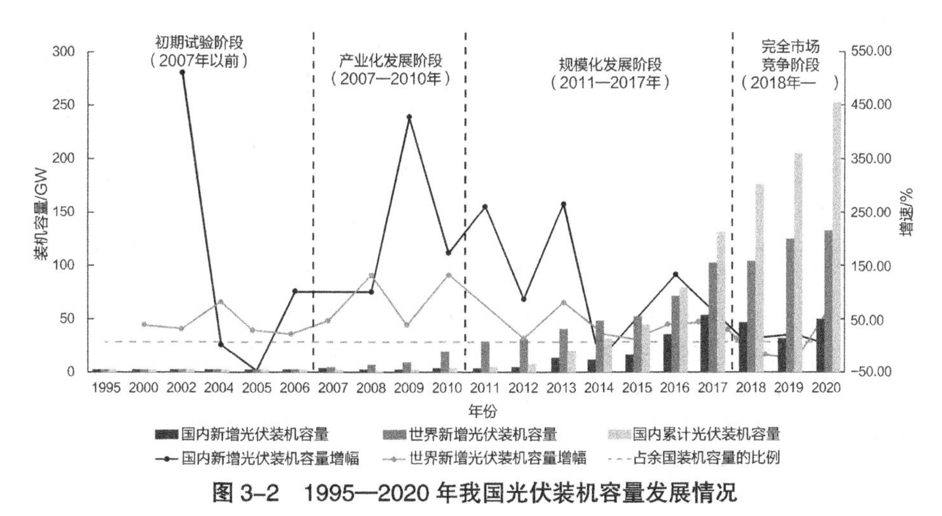

图3–2　1995—2020年我国光伏装机容量发展情况

数据来源：1995—2020年中国电力年鉴，国际能源署（International Energy Agency, IEA）相关资料

此外，2007—2010年也是我国光伏产业的分水岭，在这个阶段之前（包含该阶段），我国光伏产品的主要需求市场在国外，之后我国光伏产品

转向满足国内需求。图 3-3 展示了我国 2007—2020 年光伏组件的生产量、国内需求量、出口量及出口占总产量的比例。从图中可看到，我国的光伏组件生产量逐年上升，从 2007 年的 1.34GW 增加到 2010 年的 12.44GW，增长了近 8.3 倍。从出口量和国内需求细分来看，我国光伏组件出口量逐年上升，从 2007 年 1.32GW 上升到 2010 年 11.94GW；而该时段国内需求较少，出口量增长速度远大于国内需求增长速度，从出口量占光伏组件生产总量的比例来看（图 3-3 中的折线），每年超过 95% 的光伏组件生产用于出口。2011 年开始，光伏组件出口比例阶梯式下降，最低降到 2016 年的 37%。因此，我们说 2007—2010 年是光伏组件行业的分水岭，在这个阶段之后，我国生产的光伏组件产品开始从满足国外市场需求转向满足国内市场需求。

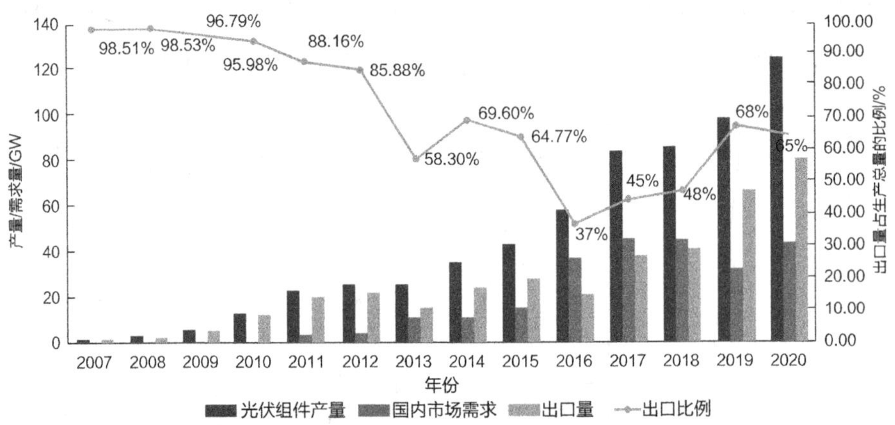

图 3-3　2007—2020 年我国光伏组件产量、国内需求量和出口量

数据来源：2007—2020 年《中国光伏行业年度报告》，中华人民共和国海关总署，中国光伏行业协会

3.3.1.3　规模化发展阶段（2011—2017 年）

2011—2013 年，美国、欧盟、澳大利亚和加拿大等国家和地区为了保护其国内的光伏产业，对我国出口到这些国家和地区的光伏产品征收高额反倾销税和反补贴税，即著名的光伏行业“双反”贸易摩擦。由于我国的

光伏制造品主要用于出口，欧美等国家的多次“双反”对我国光伏制造业造成了严重影响，出口额持续低迷，产能过剩，多家企业现金流断裂，亏损严重。如图 3–3 所示，2011—2017 年，我国光伏组件出口量波动上升，从 2011 年的 20.10GW 增长为 2017 年的 37.9GW，增加了 17.8GW。相比于 2007—2010 年我国光伏组件出口量平均增速达 110%，2011—2017 年出口量增速下降，平均增速仅为 25.28%，其中 2013 年和 2016 年的出口量更比前一年出现下降，增速分别为 –31.05% 和 –23.52%。为了消化过剩的产能，一方面光伏企业开拓亚洲国家市场，另一方面，中国继续推出多项光伏发电项目利好政策来推动国内光伏产业的发展。例如，国家开始颁布和实施关于光伏上网电价政策，发改价格〔2011〕1594 号文件确定了光伏发电项目标杆上网电价，我国的光伏上网电价开始实行全国统一定价。由图 3–4 可知，2011 年我国光伏发电标杆电价实行全国统一价 1.15 元 / 千瓦时，2012 年和 2013 年标杆电价降低为 1 元 / 千瓦时。发改价格〔2013〕1638 号文件又进一步完善了不同资源区的光伏发电上网电价，从 2014 年起开始实施三类资源区的分类上网电价。如图 3–4 所示，2011—2017 年，三类不同资源区的光伏上网电价共调整了三次，且电价逐步降低。光伏上网电价的确定降低了投资者的风险，稳定了未来收益预期。此外还有其他光伏产业政策的发布，如推广分布式光伏发电项目（国能新能〔2012〕298 号、国发〔2013〕24 号、国能新能〔2013〕433 号）；光伏制造行业和发电企业安全生产规范（工业和信息化部 2013 年第 47 号、国能安全〔2015〕127 号）；光伏扶贫项目在全国贫困地区的推广（发改能源〔2016〕621 号）；等等，具体政策内容见表 3–3。

这些政策的实施推动了我国光伏发电产业可持续发展，激发国内对光伏组件的需求。如图 3–3 所示，2011 年开始，国内市场需求逐步上升，从 2011 年的 2.7GW 增加到 2017 年的 45.44GW，增加了 15.83 倍，平均增速为 149.15%。出口量增长速度小于国内需求增长速度，且国内需求在 2016 年反超出口量。此时，光伏组件出口比例逐年下降，于 2016 年下降到最低点37%。从图3-2光伏装机容量来看，除2014年以外，2011—2017年我国光伏新增装机容量持续上升，从2011年的2.02GW上升到2017年的53.06GW，增加了25倍多；国内每年的新增光伏装机容量增幅也高于世界新增光伏装机容量增幅；不论是新增光伏装机容量还是累计光伏装机容量，在该时间段均呈现出指数级增长；2014年国内新增光伏装机容量的下降是由于当年我国首次推出光伏发电项目的“规模控制”，使得当年光伏地面电站的指标不足，而分布式光伏发电项目则因为相关的配套设施不足，建设情况远低于预期，这两种情况叠加造成当年的新增光伏发电项目下降。另外，从2013年起我国的新增光伏装机容量已在全球排名第一，2015年年底我国累计光伏装机容量开始位居全球第一。

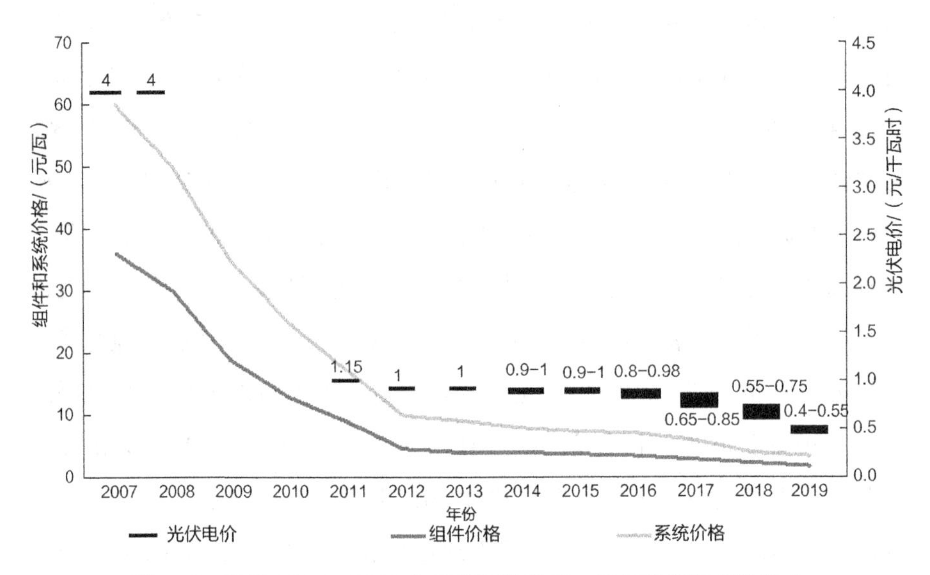

图3-4　我国2007—2019年光伏组件价格、系统价格和光伏电价

数据来源：2007—2019年《中国光伏行业年度报告》，各项光伏上网电价调整政策等

同时，自2011年起，我国的光伏组件价格和光伏系统价格分别跌破10元/瓦和20元/瓦。由图3-4可见，2011年的光伏组件价格和光伏系

统价格分别为9元/瓦和17.5元/瓦，2012年分别下降为4.5元/瓦和10元/瓦，此后价格缓慢降低，到2017年光伏组件价格已降低到2.9元/瓦和6元/瓦。由此可见，在2011—2017年，随着光伏发电技术的成熟，我国光伏发电项目成本越来越低，这解释了相同阶段我国光伏发电上网电价逐步下降的原因，为后续实施光伏发电项目平价上网政策奠定了基础。

表3-3 我国光伏发电行业规模化发展阶段（2011—2017年）的相关政策

主要政策	发布时间	发布单位	主要内容
《关于完善太阳能光伏发电上网电价政策的通知》（发改价格〔2011〕1594号）	2011年7月24日	国家发展和改革委员会	首次对光伏发电项目规定了标杆上网电价，对当年7月1日核准建设并在当年投产的项目，上网电价定为1.15元/千瓦时；对当年7月1日核准建设但未在当年投产的，以及7月1日以后核准的项目，上网电价为1元/千瓦时。该文件标志着我国光伏发电市场电价进入标杆上网电价的时代
《关于申报分布式光伏发电规模化应用示范区通知》（国能新能〔2012〕298号）	2012年9月14日	国家能源局	各地区推广在各种建筑物和公用设施上安装分布式光伏发电系统，特别是用电需求大，电价较高的中东部地区
《关于发挥价格杠杆作用促进光伏产业健康发展的通知》（发改价格〔2013〕1638号）	2013年8月26日	国家发展和改革委员会	完善了光伏发电项目的价格政策，规定了不同资源区的光伏电站标杆上网电价、规定了分布式光伏发电项目的补贴政策和上网电价等
《光伏制造行业规范条件》（2013年第47号）	2013年9月16日	工业和信息化部	明确了光伏制造业在生产布局与项目设立、生产规模与工艺技术、资源利用与能耗、环境保护、质量管理、安全与社会责任、监督与管理等方面的条件
《关于分布式光伏发电项目管理暂行办法的通知》（国能新能〔2013〕433号）	2013年11月18日	国家能源局	主要对分布式光伏发电项目的规模管理、项目备案、建设条件、电网接入和运行、计量与结算、产业信息监测等进行了规定

续表

主要政策	发布时间	发布单位	主要内容
《关于进一步落实分布式光伏发电有关政策的通知》	2014年9月2日	国家能源局	进一步规定了分布式光伏发电项目的政策，包括编制分布式光伏发电应用规划、建立屋顶资源统筹协调工作机制、完善相关项目质量管理等
《光伏发电企业安全生产标准化创建规范的通知》（国能安全〔2015〕127号）	2015年4月20日	国家能源局、国家安全监督管理总局	规定了光伏电站安全生产的一般要求和核心要求，使得光伏发电站安全生产标准化建设
《关于完善陆上风电光伏发电上网标杆电价政策的通知》	2015年12月22日	国家发展和改革委员会	调整了新建光伏电站和分布式光伏发电项目的上网电价、招标竞价电价以及附加资金补贴等，于2016年1月1日生效。2016年以前备案但在2016年6月30日前未投运的光伏发电项目按照新规定的电价执行（即“光伏630”）
《关于实施光伏发电扶贫工作的意见》（发改能源〔2016〕621号）	2016年3月23日	国家发展和改革委员会、国务院扶贫办、国家能源局等	指出在全国范围的贫困地区实施光伏发电工程；规定了光伏发电扶贫工作的任务，配套政策和组织协调等；标志着光伏扶贫工作在全国范围内展开
《关于2018年光伏发电项目价格政策的通知》	2017年12月19日	国家发展和改革委员会	调整从2018年1月1日起投运的各类光伏发电项目的上网电价，其中光伏电站的上网电价调整为0.55元/千瓦时（Ⅰ类资源区）、0.65元/千瓦时（Ⅱ类资源区）和0.75元/千瓦时（Ⅲ类资源区）；“自发自用，余量上网”模式的分布式光伏发电项目补贴标准调整为0.37元/千瓦时

虽然在这段时间我国光伏发电项目发展迅速，在全球的新增光伏装机容量中所占比重越来越大（见图3–2），并逐步成长为全球光伏产业大国。但是在光伏发电产业的布局和分配上出现问题。例如，电力供应大省和电力需求大省不匹配；光伏产品制造和光伏发电技术应用不匹配；以及随着国家对可再生能源的快速开发，可再生能源发电项目快速增长，其增长率高于用电量增长，使得发展可再生能源的基金供应不足。这些问题的存在引发了我国西部地区“弃光限电”和补贴拖欠的现象。

3.3.1.4 完全市场竞争阶段（2018年至今）

实际上，2018年1—5月，我国光伏发电市场延续了上一阶段大力拓展的势头。据国家能源局数据显示，2018年1—5月，全国光伏产业新增装机容量15.18GW，同比增长约30%。光伏市场快速发展势头超过了所有人的预期。面对接踵而来的补贴不足和“弃光限电”问题，亟须有效控制光伏产业的发展速度。2018年5月31日，国家发展和改革委员会，财政部，国家能源局联合发布了《关于2018年光伏发电有关事项的通知》（531政策），该通知说明将暂不安排需国家补贴的光伏电站建设，降低光伏发电补贴标准。该政策的实施有效控制了我国光伏市场的快速增长，是我国光伏产业由粗放型发展走向集约型发展的历史性政策。受新政策的影响，2018年和2019年，光伏组件国内需求分别为44.7GW和32GW，相较于前一年分别下降1.63%和28.41%（见图3-3）。2018年8—11月的光伏新增装机容量下降，最终2018年全年新增光伏装机容量为44.1GW，比2017年降低了16.58%，2019年受政策继续影响，新增光伏装机容量30.11GW，同比下降31.6%（见图3-2）。2020年，国家能源局发布《关于2020年风电、光伏发电项目建设有关事项的通知》，10亿元人民币用于需要补贴竞价的新建集中式光伏电站和工商业分布式光伏项目。虽然2020年光伏行业受到新型冠状病毒感染疫情的冲击，但受以上政策的影响，当年光伏组件国内需求上涨到43.6GW，增长36.25%（见图3-3）；国内新增光伏装机容量达到48.2GW，同比增长60.1%（见图3-2）。同时，我国也积极扩宽国外光伏市场，2018—2020年出口量增长速度又反超国内需求，目前超过60%的光伏组件生产用于出口。

此外，光伏组件价格和系统价格继续下跌。如图3-4所示，2018年光伏组件和系统价格分别为2.3元/瓦和4元/瓦，比上一阶段的2017年分别降低了20.69%和33.33%，2019年光伏组件价格和系统价格又进一步降低，分别跌到了1.58元/瓦和3.5元/瓦。光伏发电成本的持续下降为光伏发电平价上网提供了基本条件。有鉴于此，国家发布多项政策推进光伏发电项目的平价上网（见表3–4）。例如，2019年1月7日，发改能源〔2019〕19号文件推进了光伏发电项目平价上网的步伐；2019年4月28日，发改价格〔2019〕761号文件进一步完善了光伏发电价格，这份文件提出的是指导价而非上网电价，总体调低了光伏电价和补贴标准；2019年5月28日，国能发新能〔2019〕49号文件规定了光伏发电项目补贴竞争配置，降低了项目对国家补贴的依赖。可以说，2019年是我国光伏发电项目平价上网的元年。

表3–4 我国光伏发电行业完全市场竞争阶段（2018年至今）的相关政策

主要政策	发布时间	发布单位	主要内容
《关于2018年光伏发电有关事项的通知》（发改能源〔2018〕823号）	2018年5月31日	国家发展和改革委员会、财政部、国家能源局	暂不安排需国家补贴的光伏电站建设；降低光伏发电补贴标准；光伏扶贫项目不受此规定的限制
关于太阳能发展“十三五”规划中期评估成果座谈会	2018年11月2日	国家能源局等多方代表	未来会加大对光伏发电的支持；光伏发电项目的补贴将持续到2022年等
《关于积极推进风电、光伏发电无补贴平价上网有关工作的通知》（发改能源〔2019〕19号）	2019年1月7日	国家发展和改革委员会、国家能源局	推进光伏发电的无补贴平价上网步伐，该通知的主要内容包括试点平价和低价项目建设、保障优先发电、项目可通过绿证交易获得收益、创新金融支持方式等
《关于完善光伏发电上网电价机制有关问题的通知》（发改价格〔2019〕761号）	2019年4月28日	国家发展和改革委员会	新增光伏电站的指导价为0.4元/千瓦时（Ⅰ类资源区）、0.45元/千瓦时（Ⅱ类资源区）和0.55元/千瓦时（Ⅲ类资源区），上网电价通过市场竞争方式获得并不超过指导价，等等。总体调低了电价和补贴标准
《关于2019年风电、光伏发电项目建设有关事项的通知》（国能发新能〔2019〕49号）	2019年5月28日	国家能源局	主要包括积极推进平价上网项目建设；实施项目补贴竞争配置，降低项目对国家补贴的依赖等

续表

主要政策	发布时间	发布单位	主要内容
《关于2020年风电、光伏发电项目建设有关事项的通知》(国能发新能〔2020〕17号)	2020年3月5日	国家能源局	当年新建光伏发电项目的补贴预算总额度为15亿元人民币,其中5亿元人民币用于户用光伏,10亿元人民币用于需要补贴竞价的新建集中式光伏电站和工商业分布式光伏项目
《关于扩大战略性新兴产业投资培育壮大新增长点增长极的指导意见》(发改高技〔2020〕1409号)	2020年9月8日	国家发展和改革委员会、科学技术部、工业和信息化部、财政部	聚焦新能源设备制造中的"卡脖子"问题,通过自主创新突破风光水储互补、高效储能、海洋能发电等新能源电力技术瓶颈;建设电网和储能等基础设施网络;提升能源基础设施网络的数字化和智能化水平等
《中华人民共和国国民经济和社会发展第十四个五年规划和2035年远景目标纲要(草案)》	2021年3月5日	国务院	坚决遏制高耗能、高排放产业的盲目发展,推进能源革命,推动清洁能源发展,大力提升风光发电规模
《关于推进电力源网荷储一体化和多能互补发展的指导意见》(发改能源规〔2021〕280号)	2021年2月25日	国家发展和改革委员会、国家能源局	推进多能互补,即风光储一体化、风光水(储)一体化、风光火(储)一体化,以提升可再生能源消纳水平。推进多级区域[区域(省)级、市(县)级、园区(居民区)级]源网荷储一体化,提高利用效率和保障功能
《关于引导加大金融支持力度 促进风电和光伏发电等行业健康有序发展的通知》(发改运行〔2021〕266号)	2021年2月24日	国家发展和改革委员会、财政部、中国人民银行、中国银行保险监督管理委员会、国家能源局	金融机构按照市场化和法制化等原则,加大对部分资金流紧张、生产经营出现困难的可再生能源企业的金融支持力度,包括展期或续贷、发放补贴确权贷款、通过恰当方式弥补企业的利息成本等
《关于2021年风电、光伏发电开发建设有关事项的通知》(国能发新能〔2021〕25号)	2021年5月11日	国家能源局	强化各省区市可再生能源电力消纳责任权重;构建并网多元保障机制;稳步推进户用光伏建设

随着光伏发电平价上网的实施,光伏行业的商业模式也发生了转变。以往投资者衡量光伏发电项目的投资收益最重要的考核指标是项目国家补

贴和上网电价，补贴额度和上网电价的高低直接决定着光伏企业的利润。平价上网实施后，光伏发电项目的收益一方面将取决于成本和企业规模，成本越低和规模大的光伏企业将获得更大的收益；另一方面，光伏设备质量越好、技术越先进的企业也将具备竞争优势。因此，平价上网后，光伏产业真正迎来完全市场竞争阶段，光伏电价的持续降低有利于用户使用清洁电力，增加用电需求，促进清洁能源对传统能源的替代。

3.3.2 光伏发电项目发展问题

我国光伏发电行业正迎来全面平价上网时代，由于光伏行业发展时间短且迅速，还存在较多问题亟待解决。通过企业调研和文献查询，总结了以下几点项目发展中的问题。

3.3.2.1 发电项目成本较高

近十年来，随着光伏关键设备生产成本的不断降低，光伏发电成本下降迅速。据国际可再生能源署（IRENA）的统计数据显示，2018 年全球光伏发电的平均度电成本为 0.06 美元 / 千瓦时，比 2009 年的度电成本 0.31 美元 / 千瓦时下降 81%。虽然光伏发电的度电成本降幅很大，但与其他类型发电项目相比，光伏发电成本仍旧较高。表 3–5 列出了 2018 年全球不同类型可再生能源发电成本，从表中数据可以看出，除太阳能光热发电和海上风电的发电成本外，光伏发电成本仍旧较高，为 0.085 美元 / 千瓦时。光伏发电度电成本较高的原因可归结为以下几点：首先是运输成本较高，大部分集中式光伏发电站建在偏远的荒地，距离生产生活区较远，发电设备可能需要运输较长距离到电站建设地，运输成本高；其次是光伏发电建设成本高，光伏地面电站通常建在开阔的地面，占地面积较大，需要花费较多的土地征用费用；最后是运营成本较高，我国光伏发电项目标准化管理服务体系不健全，光伏电站评估标准不完善，造成运营和维护质量难以保证，这增加了项目运营过程中的维护成本。

表 3-5 2018 年全球发电成本

不同发电类型	平均度电成本 /（美元 / 千瓦时）	度电成本区间 /（美元 / 千瓦时）	与 2017 年相比发电成本变化率 /%
生物质能源	0.062	0.048—0.243	−14
地热发电	0.072	0.060—0.143	−1
水电	0.047	0.030—0.136	−11
光伏发电	0.085	0.058—0.219	−13
太阳能光热发电	0.185	0.109—0.272	−26
海上风电	0.127	0.102—0.198	−1
陆上风电	0.056	0.044—0.100	−13

3.3.2.2 项目全产业链的环境污染未受到重视

光伏发电系统在制造环节和应用环节的能源属性不同。在制造环节，光伏发电系统相关产品生产消耗大量的能源并排放二氧化碳，如光伏组件的生产消耗电能并产生二氧化碳，它的运输过程也会排放大量二氧化碳。而在应用阶段，光伏系统将太阳能转化为电能，转化过程不消耗资源，不排放二氧化碳和有毒物质。因而仅认识到光伏发电系统在应用阶段的环境效益，忽略制造环节能源消耗和污染问题将使得光伏发电项目的低碳环保性大打折扣。此外，应用阶段的一些活动仍会造成环境污染问题，如光伏发电项目布局不合理时对地形地貌的影响；施工活动造成的地面植被破坏可能引发扬尘和水土流失的问题；施工车辆产生的废弃物排放；项目运营期产生的生活废水、面板清洗废水、噪声污染及视觉污染；等等。

3.3.2.3 项目管理重建设轻运维

光伏发电行业发展以来，一直存在重视项目建设、轻视项目运营维护的问题。在光伏电站运营期间存在着电站维护标准缺失、项目业主的电站管理和技术水平有限、运维人员专业化水平和管理效率低等问题。例如，一些光伏发电站的运维人员只会从事一些简单的维修工作，缺少对电站运行的系统化管理；项目管理人员缺乏对电站运维的全面和系统了解，对电站运维法规和标准不甚了解，监管部门对电站运维的要求、电站标准化运行的评估等缺乏了解；缺乏对光伏系统和关键设备的故障诊断、质量检测和维修方面的标准。

3.3.2.4 并网技术标准不完善

目前，光伏发电并网技术仍是一个难点，技术标准的不完善和不先进导致电网系统稳定性容易受到影响。光伏发电容易受气候环境影响，不是稳定输出的电源，出于电网稳定性的考虑往往会限制光伏电力上网。同时，我国光伏发电行业发展迅速，尤其在地域辽阔的西北地区，大型光伏地面发电站建设较多。然而，在可再生能源发电形成规模甚至兴起之前，西北地区的火力发电装机容量已满足该地区的用电需求，并且大量富余。在电网系统中接入过量的光伏电源对系统的安全性和可靠性提出更高要求。光伏发电并网规划和建设必须提高消纳能力，将光伏电源的影响降到最低。虽然中国政府在2005年和2009年分别颁布《光伏系统并网技术要求》和《光伏电站接入电网技术规定》两个文件对光伏并网作出指示，但是技术标准和要求的制定赶不上光伏产业的发展速度。由于光伏并网技术标准的不完善和不先进，建在这些地区的光伏电站每天产生大量富余电量，出现弃光限电问题。

3.3.2.5 过度立项问题突出

按照国土资源部、农业部、国家能源局和国务院扶贫办四部委2017年出台的《关于促进光伏发电产业健康发展用地的意见》，各地区应对光伏发电项目合理布局和规划。但在光伏发电项目快速发展的背景下，一些地区在实际光伏项目审批过程中，依旧存在过度立项的问题，使得该地区光伏项目过度集中，造成资源浪费。此外，过度立项使得配套电网建设无法与建成的光伏电站同步，电源电网无法及时运营，不利于地方消纳多余电能，再次造成光伏电站资源浪费。

3.3.2.6 政策支持不到位

光伏发电项目建设初期投资巨大且没有收益。为了支持可再生能源发电，发展可再生能源发电项目，国家设立了可再生能源发展基金——可再生能源电价附加补助资金。随着可再生能源装机容量增加速度超出预期，可再生能源电价补贴资金缺口较大。光伏发电项目补贴滞后进一步使得项目在建设初期资金压力较大。同时，关于土地使用性质的政策制定不明确，如农业和渔业生产用地与光伏发电项目的土地使用性质不明确，因此对土地使用税征收规定也不太明确。

3.3.2.7 公众对光伏发电的接受度不高

光伏发电不同于常规能源发电，虽然行业成长迅速，但发展时间较短。大部分公众对其了解甚少，不信任其发电的稳定性和可靠性。据相关调研显示，有 61.9% 的被调查者对光伏发电不了解，一般了解的被调查者占 36%，对光伏发电十分了解的被调查者仅占 2.1%。样本调查的数据说明一半以上的公众对光伏发电是不了解的。这导致光伏发电项目在立项实施时会受到公众的质疑，他们不信任光伏发电会带来实际效益，这不利于可再生能源发电项目的推广。

3.3.2.8 废弃的光伏组件回收问题还未获得重视

截至 2020 年年底，我国光伏累计装机容量达到 253.83GW，占全球累计装机容量的 35.88% [114]。在此基础上，2030 年前实现“碳达峰”、2060 年前实现“碳中和”及第十四个五年（2021—2025 年）计划中生态文明建设新进步等战略目标的实现，都离不开电力系统零碳化和光伏技术的大力发展。这些目标为光伏发展指明了方向。因此，我国光伏装机容量仍会大幅度增加。光伏组件设计使用寿命为 25 ~ 30 年。20 世纪 90 年代安装的光伏系统已进入报废期，加上前期快速扩张导致组件质量参差不齐，加速了一部分组件的废弃速度。在不远的未来，我国废弃的光伏组件数量将会非常巨大。欧盟已在 2012 年率先将光伏组件纳入《欧盟废弃电子电器产品管理条例》范围内。进入“十四五”时期，我国越来越重视对废弃的光伏组件回收问题，也在一些政策中提及，但是专项政策仍相对空白。目前，我国对废旧组件的处理方式主要以直接填埋或者粉碎后填埋为主。如今电子废弃物造成的大规模环境和社会影响很大程度上是由于社会无法及时有效地管理废弃产品[115]。考虑到蓬勃发展的光伏行业产生的废弃物与电子废弃物存在相似之处，探索行之有效的回收技术路线，实施对废弃的光伏组件回收管理策略，构建光伏循环经济产业链是非常必要的。这不仅可以缓解环境问题，还可避免关键材料短缺，提高资源利用效率[116]。因此，光伏废弃物回收利用将成为中国光伏产业可持续发展的重要课题[117]。

3.3.3 光伏发电项目问题追溯

我国光伏发电行业在快速成长的同时也产生了诸多问题。这些问题产生的原因主要有三方面：首先，从光伏发电企业角度来看，在追逐利益、盲目跟风立项光伏发电项目的过程中，缺少对光伏发电项目的经济环境、政策环境、技术环境和社会环境的多方位考虑，主要表现在对光伏发电项目不同生命周期阶段的关键决策问题评估不合理、决策不当；其次，项目决策方法和技术手段不科学；最后，从政策层面来看，政策实施略滞后，无法快速及时解决行业问题。

3.3.3.1 项目各生命周期阶段的关键问题决策不合理

光伏发电项目从开始到结束一般经历项目立项、启动和运营三个阶段。每个阶段都有关键决策问题关系着项目未来的运营水平。提高项目生命周期阶段管理决策的效率和准确性，可有效降低项目风险，减少项目投资者损失，提升项目运营绩效。目前，我国光伏发电项目发展过程中存在的部分问题可追溯为项目管理者对各生命周期阶段的管理决策不合理，对项目管理过程中的决策问题缺乏全面和科学的评估。

例如，光伏发电项目的运输成本和土地征用费用高，以及项目过度立项的问题与项目立项阶段的选址决策不合理有关。光伏设备运输成本高可能是项目选址在交通不便的地方，需要重新铺设道路或设备转运多个交通工具才能达到项目立项地址，这增加了项目的运输成本。光伏发电项目过度立项导致的弃光限电问题可能与业主未充分考虑项目建设地的居民用电需求和光伏发电配套电网建设情况等有关，这也是立项阶段的项目选址决策不合理或考虑不充分导致的。

又如，光伏发电项目的运营成本高可能是因为光伏设备质量较差，质量低劣导致光伏设备在项目运营期间经常出现故障，进而增加了光伏发电系统的维修成本。出现这个问题的根本原因是项目建设阶段的光伏设备采购效率不高，缺乏对光伏设备供应商的有效评估和管理。

再如，在光伏发电项目运营阶段，光伏发电项目存在重建设轻运维、设备运行时经常出现故障的问题。这可能与运维人员专业化程度不高、缺乏运维标准等有关，其中最关键的原因是缺乏对发电设备运营期的有效管理，特别是对设备可靠性的检查。

综上所述，光伏发电项目问题产生的追溯原因之一为缺乏对项目各生命周期阶段的有效管理决策。

3.3.3.2 决策技术不先进

从光伏发电企业的角度来看，管理决策手段和技术不够先进，部分企业甚至没有较为先进的决策方法对项目中的管理决策问题作判断，很多时候仅通过项目业主对光伏发电行业的发展状况作出判断。事实上，不同生命周期阶段的管理决策问题往往需要综合考虑和评估被决策对象在多个方面的表现，这些管理决策过程也可看作多属性决策过程。例如，选址是光伏发电项目立项阶段的关键决策问题，项目建设地选择需要综合考察当地的太阳能资源、地形地貌、交通条件、政策等。一些企业运用技术手段，通过构建数学模型提升企业管理决策的效率和准确性。然而，管理决策技术还存在问题，如决策专家的主观性和模糊性处理机制不完善。因此，另一个追溯原因为项目管理决策技术手段不完善和不科学。

3.3.3.3 政策的制定和执行不合理

政策的制定和执行过程存在问题，如政策的制定跟不上行业的发展速度、政策执行力不足、相关行业标准缺失等。这些问题的主要原因是光伏行业在拟定政策过程中缺乏与行业专业人士的交流，无法跟进行业最新发展动态，政府对专业人士提供的行业发展分析和政策意见没有做到广泛采纳，更缺乏光伏中小企业的对政策意见的征求，造成一些行业政策和标准缺失或政策的制定较为粗糙。一些支持性政策在执行初期效果良好，如可再生能源基金设立初期有效推动了光伏行业的发展，到了政策执行后期基金发展资金不足使得光伏发电企业缺少政策补贴，现金流动性较差，而此时却没有相关配套政策弥补基金补贴资金不足的缺点。此外，在政策执行过程中还存在光伏行业监管不完善等。这些都阻碍了我国光伏发电行业的健康可持续发展。

对于政策不足的原因，本书仅作简单分析，不将其作为研究重点。

3.4 光伏发电项目生命周期阶段及其关键决策点

3.4.1 光伏发电项目的生命周期阶段

对光伏发电项目的生命周期阶段有不同的划分方法，有的方法将其划分为三个阶段，有的方法将其划分为四个阶段。不论几个阶段都包含了项目从可行性研究到结束的整个周期。大体来看，光伏发电项目的生命周期包括四个阶段，即项目立项期 / 前期，也称投资决策阶段；项目实施期，也称设计施工阶段；项目运营期 / 中期，即运营阶段；项目末期 / 回收阶段。下文分别介绍四个阶段的主要工作。

3.4.1.1 投资决策阶段

投资决策阶段主要是对项目开展的可行性和必要性进行评估，主要工作包含项目投资机会和风险分析、编制可行性研究报告、对项目作出评估判断，其中项目投资机会和风险分析以及可行性研究是该阶段的重要工作。项目立项时的不确定性是最大的，主要对项目立项的经济、政策、社会环境进行统筹分析，考察项目立项时的不确定因素，对项目立项进行风险分析。光伏发电项目的可行性研究包括对太阳能资源、项目工程任务和规模、电气、土建和消防工程、环境影响和节能效益分析、上网电量、项目投资和财务预算等进行可行性分析。实际上，光伏发电项目可行性分析是对潜在的项目建设地进行多方位评估，主要考察项目建设地的太阳能资源、地理位置、地形地貌、用地属性等条件。

3.4.1.2 设计施工阶段

项目的设计和施工关系着电站发电量和发电效益。例如，在用地限制条件下，组件布局设计直接影响发电规模；供应商的选择和评估影响光伏设备性能，从而间接影响光伏发电量。项目设计施工阶段的主要工作如下。第一，项目业主委托有资质的设计单位对光伏电站进行招标、施工图和竣工图的设计，主要包括光伏组件区和升压站的布局设计、光伏发电系统生产区设计及光伏电站工作人员的生活区域设计。第二，业主委托有资质的施工单位对项目工程进行施工，包括施工方案设计、施工进度规划、光伏设备采购及依据方案和进度进行具体施工。

3.4.1.3 运营阶段

光伏发电项目运营期是生命周期管理最重要的阶段，是电站首次运行到退役的全过程。在该阶段，运维管理人员依据电力行业安全标准和管理标准对光伏电站进行管理。同时光伏电站运维人员对电站日常运行进行电量统计、故障预警与诊断、效率分析、老化研究等工作，帮助发电公司管理人员实现远程监控、技术支持、经营情况统计与分析、对标管理等。设备故障是电站电量损失的根本原因，为有效管理设备故障可对设备管理等级进行划分，将重要敏感设备和重要敏感部件识别，巡检和预防性检修时加强对重要敏感设备和敏感部件的跟踪、评估与管理。

3.4.1.4 回收阶段

光伏组件使用寿命到期后，发电项目即进入末期阶段。对废弃的光伏回收利用是构建光伏循环经济产业链的关键驱动力。晶硅光伏组件是市场主流，主要由铝、铜和银等基本金属构成；其他光伏组件含有铟、镓、锗和碲等稀有金属 [118]。光伏组件大规模安装使得金属需求量上升，可能会导致资源短缺，影响关键金属的可持续供应 [119]。最新研究发现，由于年度和累计供应压力，不论基本金属还是稀有金属普遍存在短缺[120]。同时，晶硅光伏组件含铅、锡、锂和镉等具有较高毒性的金属，对废弃组件处理不当会导致对土壤和水源污染，甚至危害人类生命健康[121]。因此，回收利用废弃光伏是降低原材料供应风险和保护生态环境的有效途径，是构建光伏循环经济产业链的关键。

由于当前我国光伏废弃组件的回收规模较小，还未形成产业链，在光伏发电项目的回收阶段，项目管理企业需要摸索可靠的、可执行的技术路线。光伏废弃组件处置和回收方法包括直接填埋、物理处理、热处理和化学处理等方法。不同处置和回收方法涉及的回收成本、效益、环境影响等不同。选取何种回收技术路线，需要项目管理企业依据政策环境、行业标准、不同回收技术下企业的净效益作出选择。

对光伏发电设备的回收再利用在我国尚处于初期阶段，受限于行业规模较小和数据的可获得性，本书未涉及回收阶段。因此，本书将光伏发电项目的生命周期划分为三个阶段：投资决策阶段、设计施工阶段、运营阶段。

3.4.2 光伏发电项目关键决策点

决策是项目管理面临的主要课题之一，是项目管理过程的核心问题，是执行各种管理职能、保证项目顺利运行的基础。决策是否合理和准确，小则影响项目的效率和收益，大则影响项目的成败。项目管理决策过程与特定的项目管理决策事件、活动相联系，这些事件和活动必须发生来实现特定项目的实施和目标[122]。同时，在项目管理中有许多相互依赖、相互影响的决策事件和活动。许多项目失败的原因可能是某一项工作决策失误产生的“多米诺骨牌”效应。为了使项目顺利推进，必须重点关注项目的关键决策节点。光伏发电站一般的设计寿命为25年，有建设期短（一般半年内）、使用寿命长的特点。运营是光伏发电项目时间最长的阶段，其他阶段的管理决策活动影响着电站未来的运营水平。因此不同阶段的管理决策活动应以提升未来的电站运营水平作为导向，围绕运营来展开。下文将识别不同生命周期阶段影响光伏运营的关键决策问题，并对其作具体阐释。

3.4.2.1 光伏发电项目的风险评估

一般项目投资均存在风险，光伏发电项目作为新兴项目，在实施过程中存在着较多的不确定因素，增加了未来项目运营失败的风险。因此，光伏发电项目的风险评估是项目前期的关键决策点之一。在项目投资决策阶段，对实施项目的生命周期阶段风险进行识别和分析，有助于提升对光伏发电项目风险监控和应对能力，为业主投资光伏发电项目提供风险判断依据。光伏发电项目的投资风险可划分为经济风险、运维风险和政策风险等。

项目的经济风险包括光伏发电项目建设成本风险、上网电价风险和经济效益风险。例如，光伏发电建造成本较其他发电项目成本较高，初期项目建设需要巨额的投资费用，而经济效益的产生则在项目后期运维阶段，对项目业主来说会产生债务负担。因此，项目业主更多选择在自身资金压力不大的情况下投资光伏发电项目。上网电价风险是指随着我国光伏装机容量的上升，上网电价从标杆电价调整过渡到平价，在其他条件不变的情况下，这意味着光伏发电项目未来收益下降。经济效益风险不仅与建设成本和上网电价有关，还与未来光伏发电并网状况相关，出现弃光限电现象将严重影响项目运营收益。运维风险和政策风险等也是项目投资重点考虑的因素，对项目成功起着关键作用。

3.4.2.2 光伏电站选址

光伏电站选址的优劣直接影响项目运营期的发电量和收益水平，因此光伏发电项目选址决策是项目前期的关键决策点之一。项目建设地的太阳能资源、厂址、地形地貌条件、用地属性、电网接入条件、融资成本等均是需要考虑的因素。

例如，项目建设地的太阳能资源状况是建厂首要考虑的因素，光照时间和光照强度决定着光伏电厂发电量。而决定太阳能资源优劣的影响因素很多，如项目建设地的太阳常数、所处的经纬度和海拔高度、环境和气候变化等。总的来看，项目建设地的纬度越低、海拔越高、空气质量越好，那么太阳能资源状况就越好。

厂址的位置对光伏电站选址也非常重要，它关系着光伏发电项目后续设计建设阶段和运营阶段的各项工作的便利性。例如，厂址若选在交通便利、离城市近的位置，可保障后期光伏设备和生产生活设备的采购和运输，供水供电也较为可靠，同时选在这样的位置可能会影响光伏电厂的大小，进而影响光伏装机容量和发电量。

项目建设地的地形地貌特点也是选址重点考虑的因素。光伏电厂适合建在开阔平坦地面，减少施工难度和费用，降低地面不平引起的组件遮挡产生的发电效率损失；不适合建在土地沙化的地面，这样增加了天气恶劣情况下光伏设备安装不稳定性和风沙覆盖组件表面的概率，增加了运营风险和成本，降低了发电效率。

选址的用地属性应符合国家和地方规定，避开法律规定的耕地红线；充分调研电网接入电站条件、送出距离和线路，以及当地的电力负荷情况等；还有电站投资所需的融资成本；等等。

3.4.2.3 光伏设备供应商选择

光伏设备的采购质量关系着后续运营阶段的设备故障率和维修费用，因此，对光伏设备供应商的评估是该阶段的关键决策点。设备采购应选择质量过硬、价格优惠、有良好售后服务的供应商以保障项目运营期电量生产的持续性和较低的设备维修率。设备供应商的选择还应考虑供应商的设备供货周期和响应速度以保证项目建设阶段设备及时组建和安装，不影响工程建设进度。此外，随着全球范围内可持续发展需求，光伏发电项目主也应重视上游供应链存在的环境污染问题。从前文可知，光伏上游供应链存在着严重的环境污染和能源资源消耗问题，降低了光伏发电项目的环境效益。重视光伏设备供应商的可持续发展评价对提升光伏发电行业健康发展具有重要意义。

3.4.2.4 光伏发电系统故障识别和风险评估

设备故障是电站电量损失的根本原因，因此，光伏发电系统故障识别和风险评估是该阶段的关键决策点。在生产运营阶段，光伏发电企业一般运用信息系统对电站进行制度化和流程化管理。然而在现实情况中，由于管理标准缺失和运维人员专业化程度不够等客观原因，光伏发电项目运维问题突出。在这种情况下，预先对潜在的光伏设备故障进行识别和风险评估，对重要敏感设备和部件运行加强跟踪、管理和评估，可有效降低因客观原因不足而导致设备故障产生的电量和收益损失。

3.5 光伏发电项目管理决策框架的构建

构建综合项目管理决策框架对系统和科学地评估光伏发电项目管理工作极为重要，有利于项目顺利开展。基于上文光伏发电项目生命周期阶段及其关键决策点分析，本节构建了光伏发电项目管理决策框架，如图 3–5 所示。

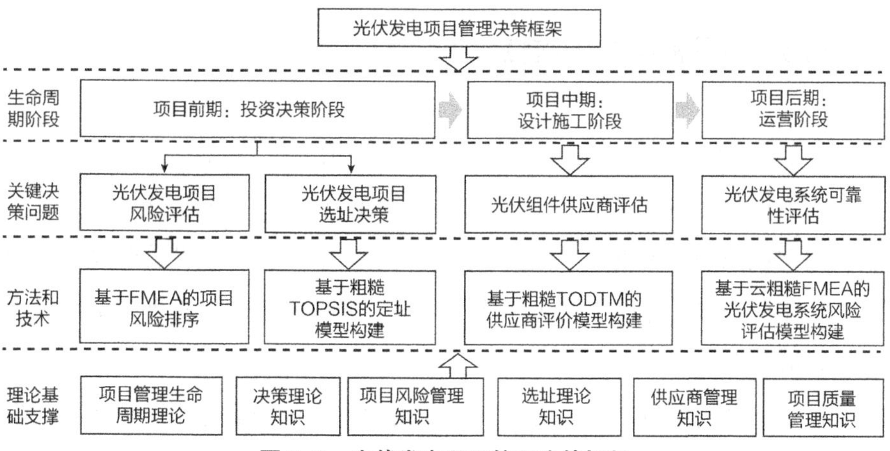

图 3–5 光伏发电项目管理决策框架

总体决策框架分为四层：第一层为光伏发电项目经历的三个生命周期阶段，第二层是各生命周期阶段影响光伏发电项目运营的关键决策问题，第三层是优化关键管理决策点效果的相关实现方法，第四层是项目管理决策框架分析和技术手段所依赖的理论基础。该决策框架以项目生命周期为主线，以保障和提升光伏发电项目运营水平为核心，以项目前期投资决策阶段的项目风险评估为起点，以项目运营期提升光伏发电系统稳定性和可靠性为终点。决策框架按光伏发电项目生命周期阶段为顺序开展，共识别出四个关键决策节点，分别为光伏发电项目风险评估、项目选址决策、光伏组件供应商评估、光伏发电系统可靠性评估，均为影响光伏电站运营水平的关键节点。关键决策节点应在相应的生命周期阶段重点关注。对应的，为提升关键决策节点的决策效果，第三层分别是提升项目未来运营水平的项目风险分析技术、选址技术、组件供应商评价技术、光伏发电系统故障识别和风险评估技术。决策框架的构建离不开相关项目管理理论和方法理论的支撑，主要包括项目管理生命周期理论、项目风险管理理论、选址理论、供应商管理理论和质量管理理论等。

3.6 决策框架的先进性分析

本章提出的光伏发电项目管理决策框架具有以下特点。

决策框架包含了光伏发电项目生命周期各阶段及各阶段关键决策节点，关键决策节点根据不同阶段特点和决策问题重要性和紧迫性加以识别。整体框架层次分明，逻辑结构清晰，对光伏发电项目管理人员实际运用具有指导作用。

在光伏发电项目前期风险识别与评估中，充分挖掘分布于项目不同生命周期阶段的风险事件，为项目投资者风险决策提供一套有据可依的风险识别和分析方法。

在光伏发电厂选址决策分析中，充分识别影响电厂选址的资源、经济、环境、社会因素，并构建可优化电厂选址决策效果的模型，在减少项目建设成本的同时提高电站未来运营水平和经济效益。

在光伏组件供应商评估中，全面科学地考察光伏组件供应商，不仅考虑了供应商产品的质量、价格、售后服务和供应响应速度等，还从光伏供应链可持续发展要求出发，考察组件供应商的环境管理水平和社会责任担当。这对光伏供应链的可持续和健康发展具有重要的作用。此外，光伏组件质量和技术过硬，持续稳定的运行也会减少项目运营阶段的故障发生率，提升项目运营水平和经济收益。

最后，在光伏发电系统潜在故障识别和风险评估中，对系统每个部件潜在发生的故障进行识别，运用可行技术手段对潜在故障风险进行排序，找出重要问题部件重点跟踪监测，以便提升运营管理效率，提高光伏发电系统运行的稳定性和可靠性。

本章提出的光伏发电项目管理决策框架以提升项目运营水平为目标，按照项目生命周期阶段发展顺序，识别出影响项目未来运营水平的关键决策点，通过创新决策方法和技术提升不同关键节点的决策效果，进而改善光伏发电项目管理效率，促进光伏发电行业的可持续发展。

3.7 本章小结

本章首先介绍了光伏发电项目特点，接着分析了光伏发电项目在我国的发展状况、存在的问题和问题追溯。根据存在的问题及其原因，提出了应从具体项目着手，改善项目生命周期阶段的管理决策效率。因此，介绍了光伏发电项目的生命周期阶段并分析其关键决策节点。在此基础上，提出了光伏发电项目管理决策框架并对它的先进性进行了分析。

4　光伏发电项目前期风险决策研究

4.1　引言

光伏发电是我国朝阳型行业，虽然发展迅速，但在制造、市场、技术、运维、政策制定等环节仍不完善，不确定因素较多，实施光伏发电项目仍面临着较大的风险。因此，光伏发电项目在追求经济收益最大化的同时，提前识别和评估风险也是项目管理的重要一环。对光伏发电项目进行风险管理研究不仅可扩展风险理论在光伏发电领域的应用，而且经过风险评估提前采取风险管控措施，可避免资源浪费，提升项目投资效率，进一步推动光伏发电项目可持续发展。首先，本章从光伏发电项目生命周期视角，通过文献查阅和专家咨询的方式识别项目不同阶段的风险事件。其次，将 FMEA 方法应用到项目前期风险评估中，衡量每个潜在风险事件的优先级，为光伏发电项目投资决策提供支持。此外，项目风险评估涉及多个生命周期阶段的多个风险事件，仅凭单个决策者往往无法作出准确的判断。集中不同专业背景的多名专家，根据各自工作经验和知识背景提供决策依据，可降低单人误判的概率。然而，将多名专家集合在一起面对面交流讨论存在一定困难。因此，是否可运用数学方法集成所有专家的独立风险评估，在减少沟通成本的同时达到与面对面专家小组一样的决策效果，本章将在 4.4 节中通过行为实验和统计检验方法验证面对面小组和分散小组决策表现是否一致。本章的研究路线如图 4–1 所示。

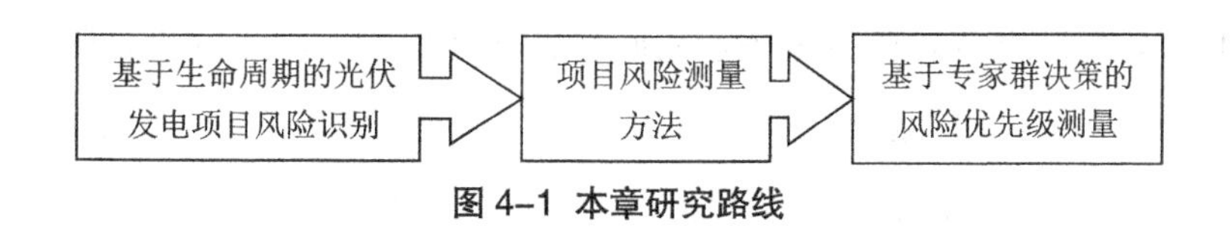

图 4–1　本章研究路线

4.2　基于生命周期的光伏发电项目风险识别

企业在启动和实施光伏发电项目前需要提前对可能存在的风险事件进行管理，这些风险事件存在于项目决策、建设和运营阶段，不同阶段的风险具有不同的特征。一些风险事件的发生可能直接影响光伏发电项目生存。按生命周期阶段将光伏发电项目潜在风险事件划分，有助于决策者识别各阶段的风险事件及其发生的可能性，根据各阶段的风险优先级，作出针对性风险控制举措。因此，对项目决策者来说事先识别和衡量不同阶段的风险事件可以从整体上把控项目。本章按光伏发电项目的前期、施工阶段和运营阶段识别项目可能发生的风险事件，如图 4–2 所示。

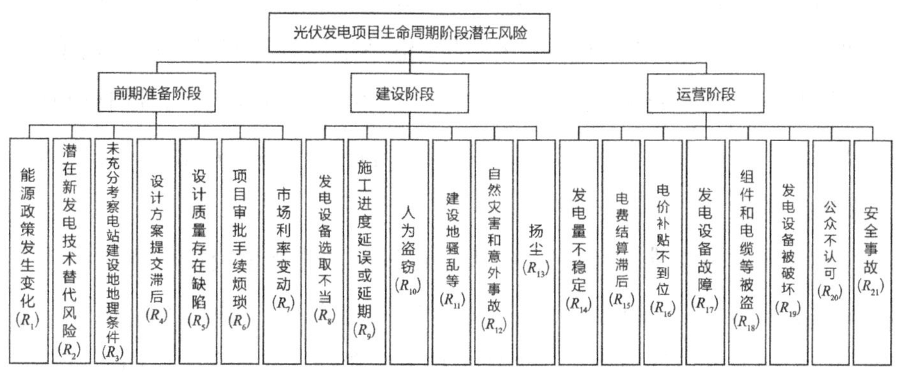

图 4–2　光伏发电项目生命周期阶段潜在风险事件

4.2.1　前期准备阶段风险事件

能源政策发生变化（R_1）：光伏发电项目发展主要依赖国家和地区的能源政策，受可再生能源补贴和上网电价的政策影响较大。上网电价和补贴政策甚至直接决定着项目未来运营收益，从而影响着项目的投资收益率。由 3.3 节可知，我国前期光伏发电发展基本由政府政策推动。为了促进光伏行业的可持续发展，政府会根据行业实际发展状况，每年调整一次支持性政策。因而，提前预测政策变化方向，采取风险防控措施可有效降低光伏发电项目运行过程的失败风险。

潜在新发电技术替代风险（R_2）：光伏依靠太阳能资源发电，受项目所在地气候和环境的影响较大。气候潮湿、阴天天数较多的地区不适合开展光伏发电项目，投资收益率不高。为了降低气候环境对可再生能源发电的影响，已有实验室研制新电池打破光伏电池受客观环境影响的限制，如麻省理工学院开发重力液态电池，这种电池依赖重力发电。新型发电技术的成功研发和低成本化发展使光伏发电技术有被替代的风险。

未充分考察电站建设地地理条件（R_3）：电站地理位置对未来项目发电规模、项目建设和运营成本至关重要。一方面，应仔细考察建设地太阳能资源丰裕度，光照时间越长，太阳能辐射量越高，项目发电规模可能就越大。另一方面，项目建设地地势条件和交通条件直接影响项目建设成本。地势平坦开阔，向阳方向无遮挡，那么电站建设难度和建设成本就越低，反之则越高。大型光伏电站项目建设地往往距居民区较远，若没有现成较为便利的交通条件，很可能需要项目投资者进行运输路面建设，将增加设备运输成本。

设计方案提交滞后（R_4）：在项目建设前，需邀请资质较高的设计公司对光伏电站施工进行设计规划。设计方案包含施工现场土建、电气、测绘、技术协议等设计内容。以上任一环节的滞后，都会影响后期项目施工和运营无法按期执行，增加因设计滞后导致上网电价下降、预期收益降低的风险。

设计质量存在缺陷（R_5）：优秀的电站设计方案会在项目建设面积有限的情况下尽可能利用每一块土地，使电站的发电规模和经济效益最大化。由于电站设计质量问题导致的电厂布局不合理、设备质量不过关等，不仅增加项目损失风险和建设运营成本，降低发电规模和收益，甚至可能使项目在遭受外来不确定因素时预防不当导致运营停摆。

项目审批手续烦琐（R_6）：光伏发电项目前期申报文件和流程复杂烦琐，需提前准备可行性研究报告、土地初审和预审文件、环评文件、系统接入文件等。备好这些文件提交到当地发展和改革委员会，并经过一层层部门逐级审核后，才能获得项目备案证、相关部门的批复文件及开工许可。审批手续流程的复杂性增加了项目启动的不确定性。

市场利率变动（R_7）：光伏发电项目前期投资资金主要来源于企业自有资金和银行贷款。其中，大部分资金来源于银行贷款，市场利率上升将增加企业还本付息压力。若项目未能按期顺利运营，无法获得预期发电收益，此时市场利率如果再上升会降低企业资金流动性，进一步为企业经营带来风险。

4.2.2 建设阶段风险事件

发电设备选取不当（R_8）：在项目建设阶段，须选取质量较好、技术水平较高的光伏发电设备。发电设备的容量、材料、技术等直接关系项目未来发电规模和运营效益，同时影响着项目运营阶段的维修成本和设备使用寿命。若项目采购部门对光伏产品选择不当，将可能缩短项目的生命周期，降低项目投资收益率，增加运营成本，等等。此外，光伏设备选取不当可能会导致发电电压波动，影响项目并网和电网系统稳定性。

施工进度延误或延期（R_9）：项目施工进度关系着建设成本，若项目因为施工材料供应不足、气候恶劣、自然灾害或者其他原因延误，那么在施工延误期内，企业不仅无法获得收入，还要承受还本付息的压力。此外，工期延误将影响项目按照预定期限正常投产运营，如果在延误期内刚好遇到政策变化，可能会降低项目未来收益。

人为盗窃（R_{10}）：在光伏电站建设过程中，采购的发电设备，如光伏组件、电缆、支架等，会提前放置在项目工地。这些设备具有较高的价值，在以往的工程施工中常常发生施工材料被盗的问题。如果施工方对仓库管理不善、存放不当，在仓库未安装防盗设备时，可能会发生设备被盗的风险，增加项目采购成本和损失。

建设地骚乱等（R_{11}）：很多大型光伏发电项目建在地广人稀、光照资源较好的西部地区。然而西部地区居民大多为少数民族，少数民族拥有不同的民族信仰。项目建设过程中应尊重当地民族习俗和文化，恰当处置与当地民族文化不同的问题，避免与当地少数民族发生冲突。如果处置不当可能会引发骚乱，扰乱当地治安。此外，一个项目可能会涉及多个施工方，不同施工方负责建设的内容不同。在施工过程中，各个施工方可能会为了赶工期引发冲突，造成不必要的伤害和损失。

自然灾害和意外事故（R_{12}）：项目建设地可能会发生自然灾害，如暴雨、洪水、水土流失、地震等。自然灾害的发生不仅破坏已建成的发电设备，还可能会威胁项目建设人员的生命安全，造成巨大财产和人员损失。项目建设地可能发生的意外事故包括火灾、安装过程中的触电事故、撞击事故等，对施工人员生命安全造成重大威胁。

扬尘（R_{13}）：光伏组件可安装在平地、山丘、建筑、农田等区域，而大型光伏电站大部分安装在平整开阔的地面。因此，在建设阶段中施工方需要对凹凸不平的土地进行平整。大面积规整土地会引发扬尘，若不采取科学恰当的方式降低扬尘，会威胁施工人员身体健康，增加项目环境污染风险。

4.2.3 运营阶段风险事件

发电量不稳定（R_{14}）：在电站运营阶段，引起发电量不稳定的原因很多，如气候变化多端、光伏组件质量问题、电气故障等。气候变化是引发电站发电波动的客观原因，为避免该风险因素的影响，可将电站建在气候较为稳定的地区。组件质量问题和电气故障等可通过提升发电系统可靠性、加强运行阶段系统事前检查等加以避免。

电费结算滞后（R_{15}）：部分电网企业未按国家或地区电费结算规定按

时向光伏发电企业结算电费，有的电网企业甚至六个月后才能电费结算或在与发光发电企业交易过程中频繁使用承兑汇票，降低了发电企业正常运营所需现金流，严重影响其经营效益。

电价补贴不到位（R_{16}）：在光伏发电项目发展前期，政府设立可再生能源发展基金用于补贴可再生能源发电高额成本。但在实际运用中存在较多问题。例如，补贴审批手续周期较长，不少省份未能按规定发放补贴，再加上宏观经济影响，可再生能源补贴资金不足，给光伏发电项目还本付息和正常运营带来资金困难。

发电设备故障（R_{17}）：发电系统运行容易受空气中灰尘、雨滴、雾气等的影响，灰尘附着在组件表面降低组件发电性能，雨滴和雾气等可能会侵蚀组件和其他部件，造成电路短路和设备运行故障，缩短设备寿命和减少发电量。

组件和电缆等被盗（R_{18}）：光伏组件组成部分和电缆价值不菲，易引来小偷“光顾”。组件一般建立在开阔平坦的地面，尤其是大型地面电站，一般占地面积大。然而，占地面积较大的光伏项目运营管理较为困难，远离工作区域的组件很可能无法及时管理，极有可能发生组件和电缆被盗事件。

发电设备被破坏（R_{19}）：发电设备被破坏的原因较多，包含不可抗力因素，如地震、洪水、泥石流、沙尘暴等；人为蓄意破坏，如当地居民反对建造光伏电站，对组件设备和其他发电系统蓄意破坏。设备破坏损失程度可大可小，大到多数设备损毁以至于整个电站不可避免地报废，小则部分设备轻微损坏，增加电站维修费用。

公众不认可（R_{20}）：无法获得公众认可是光伏电站运营阶段可能遇到的另一个风险事件。产生该风险事件的可能原因有项目管理人员在当地社区宣传光伏发电效益、环境影响、社会危害等工作不到位。若公众对光伏发电认识不足，极易对电站产生误解，认为光伏电站在发电过程中会产生辐射，进而阻碍电站正常运营。

安全事故（R_{21}）：在运营阶段，若光伏项目管理不善，可能会发生安全事故。发电系统运行过程的重大安全事故有火灾、爆炸等，极易对工作人员和周边居民的人身安全和财产造成重大损失，致使发电系统无法正常运营，造成更大损失。因而，应加强项目运营过程中的安全管理，避免安全事故的发生。

4.3 项目风险测量方法

识别出光伏发电项目全生命周期风险后，需运用一定的方法对项目风险进行衡量和决策。本章将采用 FMEA 方法来衡量上文已识别的、光伏发电项目生命周期阶段的风险事件等级。

20 世纪 40 年代后期，美国国家宇航局开发了应用于军事的 FMEA 方法，用来检查潜在产品设计故障及其对人员、设备和后续系统运行的影响。FMEA 方法的主要目的是帮助管理人员识别潜在故障，也称为故障模式，并对潜在故障的发生优先顺序进行排列，最终目的是解决或消除潜在故障的发生以保障系统的正常运行。由于该方法具有多功能性，已被广泛应用于航空航天、汽车工业及其他民营工业领域。同样的，FMEA 方法也可运用到光伏领域，尤其是光伏发电项目投资运营过程中。实施项目的潜在风险事件可看作传统 FMEA 中的故障模式，对风险事件风险性进行测量和排序，降低其对光伏发电项目的影响。

FMEA 方法通过计算风险顺序数（risk priority number, RPN）来确定潜在故障模式的风险优先级。RPN 值由三个风险因子（指标）决定，即故障模式潜在影响的严重性（severity, S）、发生潜在故障的频率（occurrence, O），以及通过当前的检测工具或技术来发现故障模式的难易程度（detection, D）。这三个风险因子的度量标准见表 4–1。将三个风险因子的得分相乘，可得到反映故障模式风险大小的 RPN 值，即 $RPN=S\times O\times D$。根据风险因子度量标准可知，RPN 值越大，潜在故障模式的风险越高。在资金、人员等有限的情况下，企业应重点考察、解决和消除 RPN 值较大的故障模式。

表 4-1 风险因子度量标准

级别	严重性（S）	发生率（O）	难易度（D）
10	致命后果	几乎确定发生	完全不能探测
9	严重后果	发生率非常高	几乎不能探测
8	极端后果	发生率高	探测性不能确定
7	主要后果	发生率中等偏高	可探测性非常低
6	重要后果	发生率中等	可探测性低
5	温和后果	发生率中等偏低	可探测性中等
4	较轻后果	发生率低	可探测性中度高
3	轻微后果	发生率非常低	可探测性高
2	非常轻微后果	发生率极低	可探测性非常高
1	没有影响	几乎不发生	可探测性几乎确定

4.4 基于专家群决策和 FMEA 的项目风险测量

4.4.1 专家群决策实验

应用 FMEA 方法执行项目风险评估任务时可采用个人或群体决策方式。社会心理学和组织行为的相关研究已发现群体作出的决策要比个人决策好 [123,124]，至少超过 97% 的个人决策 [125]。莱文（Levine）和莫兰（Moreland）指出群体作出更好决策主要归因于以下几个方面：①与小组内任何个体相比，小组由多个富有不同经验和知识的个体组成，具有更广泛的相关专业知识；②小组决策通过成员的集体互动减少成员的决策偏见，因而决策结果更加公平；③小组决策获得了更多人的支持，有更好的机会成功实施。光伏发电项目风险测量是企业的重要且复杂的决策任务，是实施项目成功的关键，因而风险衡量将通过专家小组决策而非个人决策[126]。与此同时，随着全球化的发展，跨国企业和组织越来越多，决策小组的成员可能分布在不同的地域、时区和组织，组成面对面小组可能存在时间和空间上的困难。因此，在降低面对面小组会议的协调成本的同时，是否可使用集成技术将分散的专家决策活动集成，从而达到面对面小组决策效果。同时，FMEA 任务的复杂程度是不同的，小组面对不同复杂程度的决策任务时，他们的决策表现是否相同，接下来我们将通过一个小实验来回答以上问题。

4.4.1.1 实验假设

首先，针对上文第一个问题，考虑同等任务复杂度下，面对面小组和分散小组决策效果差异。若分散小组决策表现和面对面小组决策表现一致，对管理人员来说意义重大，因为分散小组决策可节省管理人员的沟通成本和时间。针对上文第一个问题，通过统计手段检验两种合作形式小组的评估均值和方差是否有显著差异。若均值和方差的统计检验结果显著，说明在同等任务条件下，两种合作形式的小组决策效果是无差异的。根据以上分析，我们提出了假设 1.1 ~ 假设 1.4。

假设 1.1：对简单任务来说，面对面小组的决策表现均值和分散小组的决策表现均值无差异。

假设 1.2：对简单任务来说，面对面小组的决策表现方差和分散小组的决策表现方差无差异。

假设 1.3：对复杂任务来说，面对面小组的决策表现均值和分散小组的决策表现均值无差异。

假设 1.4：对复杂任务来说，面对面小组的决策表现方差和分散小组的决策表现方差无差异。

其次，针对上文第二个问题，考虑同类型决策小组对不同任务的决策效果差异。同样的，通过统计检验方法考察不同任务下的决策均值和方差是否有差异，据此我们提出了假设 2.1、2.2、2.5 和 2.6。然而，不同任务的小组评估值差异可能较大。群体决策理论表明群体讨论过程中存在或强或弱的效率或协同作用[127]。拉尔森（Larson）扩展了协同作用的概念，通过定义强协同和弱协同概念来理解和衡量群决策绩效[128]。强协同即小组决策表现好于组内决策最好的成员；弱协同即小组决策表现好于组内成员的平均决策表现。基于此，考虑到不同任务的小组评估值差异可能较大，我们将通过衡量小组决策的强协同和弱协同来进一步考察不同任务决策表现是否存在显著差异。据此，我们提出了假设 2.3、2.4、2.7 和 2.8。

假设 2.1：在面对面群决策环境下，简单任务决策表现均值和复杂任务的决策表现均值无差异。

假设 2.2：在面对面群决策环境下，简单任务决策表现方差和复杂任务的决策表现方差无差异。

假设 2.3：在面对面群决策环境下，简单任务和复杂任务的小组决策弱协同比例是无差别的。

假设 2.4：在面对面群决策环境下，简单任务和复杂任务的小组决策强协同比例是无差别的。

假设 2.5：在分散群决策环境下，简单任务决策表现均值和复杂任务的决策表现均值无差异。

假设 2.6：在分散群决策环境下，简单任务决策表现方差和复杂任务的决策表现方差无差异。

假设 2.7：在分散群决策环境下，简单任务和复杂任务的小组决策弱协同比例是无差别的。

假设 2.8：在分散群决策环境下，简单任务和复杂任务的小组决策强协同比例是无差别的。

4.4.1.2 实验设计

为了验证研究假设，运用学生团体实验方法比较不同任务复杂条件下 FMEA 小组结构（面对面 FMEA 小组和分散 FMEA 小组）的决策表现。因此，实验采用 2×2（面对面小组和分散小组、简单任务和复杂任务）混合设计。

本书将任务复杂性设置成两种水平。以往研究是在已经定义好的实验任务下对任务复杂性进行定义。例如，对于多重选择任务，佩恩（Payne）使用方案数量衡量任务复杂性[129]；对于检查任务，高威（Gallwey）和德鲁里（Drury）使用不同故障类型数量衡量任务复杂性[130]；对于监控型任务，肯尼迪（Kennedy）和库尔特（Coulter）使用监视的通道数目衡量任务复杂性[131]。本书是对故障模式的风险评估，属于检查型任务，因而借鉴高威和德鲁里的研究，使用故障数目来表征任务复杂性。根据任务复杂性大小（即待评估的失效模式数量的多少），将任务分成两个：一个是低复杂度的任务（失效模式数量较少），另一个是高复杂度的任务（失效模式数量较多）。本书实验中的失效模式由作者事先确定。因此，研究的实验任务是在不同的任务情境下学生团队为预先设置的失效模式在三个指标下的表现进行打分。

4.4.1.3 被试者

在研究中共有 79 名学生参与到 FMEA 决策实验中，这些学生都来自北京航空航天大学经济管理学院。在实验前均接受了 1 小时左右的 FMEA 课堂学习和练习，对 FMEA 方法运用有着熟练的操作基础。这些学生在课程学习中已建好学习小组，每个小组由 3~5 人构成，共有 21 个小组。

4.4.1.4 实验情景和过程描述

本书实验案例由作者设计。考虑到受试者是本科生和 MBA 学生，来自不同的专业，有着不一样的知识和专业背景。因此，本书设计了学术沙龙项目和大学生羽毛球比赛项目案例，对两个项目中潜在失效模式风险进行评估。首先，作者事先识别了两个项目的失效模式，其中学术沙龙识别了 5 个失效模式，羽毛球比赛识别了 15 个失效模式。按照上文对决策任务复杂性的定义，学术沙龙项目 FMEA 为简单决策任务，羽毛球比赛项目 FMEA 为复杂决策任务。接着，分别设计了两种任务的 FMEA 问卷，以问卷星的形式发放给各学生小组进行评估和打分。实验过程分为两个阶段，具体如下。

阶段 1：首先，让每位学生以分散小组的形式，独立地对学术沙龙项目和羽毛球比赛项目的失效模式风险因子进行评估，每名学生提交两份 FMEA 打分表。以组内成员打分的算数平均值作为分散小组打分。同时，为了降低极端值对平均值的影响，我们也采用组内成员打分的中值来代表分散小组打分。这两种不同集成方式的分散小组打分分别用 ST_Ave 和 ST_Med 表示。

阶段 2：紧接着，21 个小组以面对面小组（FTF）讨论的形式再次对两个项目的失效模式风险进行评估，每个学生小组提交两份 FMEA 打分表。

4.4.1.5 小组决策表现指标

本书主要比较面对面小组和分散小组在不同复杂任务下的决策表现。学生小组决策表现水平以一组专家打分为参考。本书作者在 FMEA 运用方面的经验较为丰富，同时针对不同决策任务，分别邀请一名非实验受试者学生和羽毛球赛事活动举办经验较多的工作者组成 FMEA 专家组，同作者一起评估已识别的失效模式风险。所有失效模式下学生小组给出排序与专家组的排序差异之和即为小组决策表现，用两组失效模式排序的绝对差之和（SAD）表示。例如，学术沙龙的失效模式在某一学生小组中的排序为 {1,4,2,3,5}，专家组给出的排序为 {1,2,5,3,4}，那么该学生小组的决策表现 SAD 分值为 (1−1)+(4−2)+(5−2)+(3−3)+(5−4)=6。SAD 分值越大，代表小组决策水平与专家组的决策水平差距越大。基于实验设计，我们最终将得到 6 组 SDA 分值，分别为①面对面小组在简单任务下的 SDA 分值；② 面对面小组在复杂任务下的 SDA 分值；③分散小组 _ 算数平均在简单任务下的 SDA 分值；④ 分散小组 _ 算数平均在复杂任务下的 SDA 分值；⑤分散小组 _ 中值在简单任务下的 SDA 分值；⑥分散小组 _ 中值在复杂任务下的 SDA 分值。

4.4.1.6 实验结果与分析

面对面小组决策是小组成员经过不断讨论达成共识排名的过程。分散小组决策是通过两种不同的集成方式从组内的个人收集决策信息，并根据个人打分数据得到小组的综合排名。在 ST_Ave 中，将每种失效模式风险因子的个人打分算数平均；在 ST_Med 中，计算每种失效模式风险因子的个人打分中值，而不是平均值。图 4–3 展示了面对面小组（FTF）、分散小组 _ 算数平均（ST_Ave）和分散小组 _ 中值（ST_Med）的 SAD 值分布。从图 4–3 中可看出，所有小组的 SAD 分数大致服从正态分布。对实验 1 “学术沙龙 FMEA” 来说，FTF、ST_Ave 和 ST_Med 三个小组的 SAD 分数段频次、均值、标准差、偏态系数和变异系数差距都不大；同样地，对实验 2 “羽毛球比赛 FMEA” 来说，FTF、ST_Ave 和 ST_Med 三个小组的 SAD 分数段频次、均值、标准差、偏态系数和变异系数差距也不是很大。然而，同一类型小组对不同任务决策的 SAD 分值差距很大，如面对面小组对学术沙龙 FMEA 的 SAD 均值为 7.762，对羽毛球比赛 FMEA 的 SAD 均值为 51.619。分值差距大的主要原因是学术沙龙和羽毛球比赛的失效模式数量不一样，加和所有失效模式排名的绝对差值时羽毛球比赛的数量级大于学术沙龙。

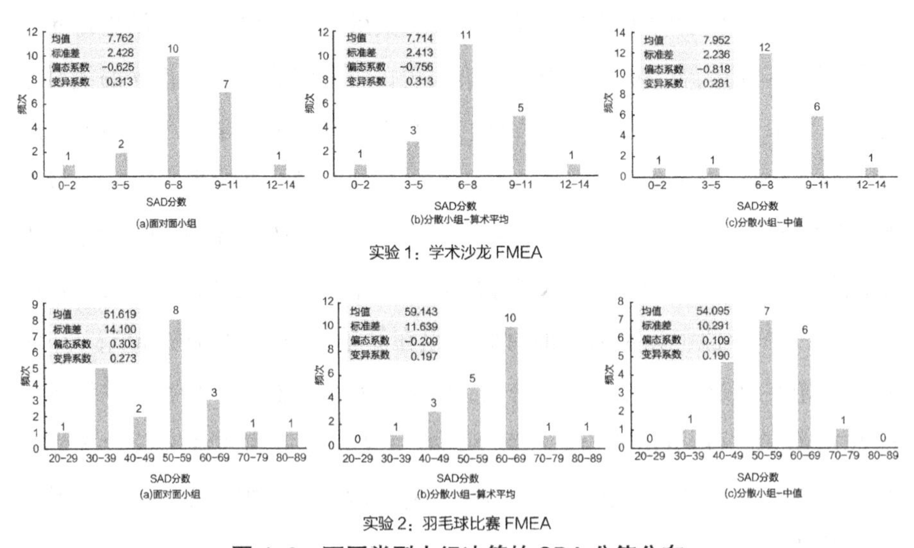

图 4–3 不同类型小组决策的 SDA 分值分布

为了进一步检验假设，我们计算了统计量。表 4–2 列出了相同任务下不同类型小组决策表现是否有差异的检测结果，即假设 1.1 ~ 假设 1.4 的结果。首先，我们使用单因素方差分析（ANOVA）检验了不同合作形式小组的 SAD 均值差异。结果显示简单任务下的 p 值为 0.945，复杂任务下的 p 值为 0.144，均大于临界值 0.1 和 0.05。这表明不论是简单任务还是复杂任务，FTF、ST_Ave 和 ST_Med 的均值无显著差异，接受原假设 1.1 和假设 1.3。从方差齐性检验来看，在连续分布的情况下进行简单任务下 FTF、ST_Ave 和 ST_Med 方差均等性检验时，莱文统计量值为 0.169，p 值为 0.845；测试复杂任务下 FTF、ST_Ave 和 ST_Med 方差均等性检验时，莱文统计量值为 1.072，p 值为 0.349。p 值均大于临界值 0.1 和 0.05，接受原假设 1.2 和假设 1.4。以上结果表明，不论执行简单 FMEA 任务还是复杂 FMEA 任务，分散小组的决策表现与面对面小组的决策表现一样好。

表 4–2 不同类型小组的决策假设检验结果

任务类型	假设	检验	自由度	检验统计量	是否接受原假设
简单任务	假设 1.1	ANOVA 检验，FTF/ST_Ave/ST_Med 三种小组的 SAD 分数均值差异	组间：2 组内：60	F 值 0.057，p 值 0.945	接受
	假设 1.2	方差齐性检验，FTF/ST_Ave/ST_Med 三种小组的 SAD 分数方差差异	组间：2 组内：60	莱文统计量值 0.169，p 值 0.845	接受
复杂任务	假设 1.3	ANOVA 检验，FTF/ST_Ave/ST_Med 三种小组的 SAD 分数均值差异	组间：2 组内：60	F 值 2.004，p 值 0.144	接受
	假设 1.4	方差齐性检验，FTF/ST_Ave/ST_Med 三种小组的 SAD 分数方差差异	组间：2 组内：60	莱文统计量值 1.072，p 值 0.349	接受

表 4–3 列出了同类型小组对不同任务决策表现差异的假设检验结果。

在所有合作形式小组 FTF、ST_Ave 和 ST_Med 中，进行简单任务和复杂任务的均值和方差均等性检验时，p 值均为 0，拒绝原假设 2.1、2.2、2.5 和 2.6。在该种情形下，均值和方差差异较大的原因是简单任务和复杂任务的失效模式数量不同，造成两个任务下的 SAD 分数差异较大。

表 4-3　不同任务的决策假设检验结果

小组类型	假设	检验	自由度	检验统计量	是否接受原假设
面对面小组（FTF）	假设 2.1	ANOVA 检验，简单任务和复杂任务的 SAD 分数均值差异	组间：1 组内：40	F 值 187.926，p 值 0.000	拒绝
	假设 2.2	方差齐性检验，简单任务和复杂任务的 SAD 分数方差差异	组间：1 组内：40	莱文统计量值 25.876，p 值 0.000	拒绝
	假设 2.3	比例之差检验，简单任务和复杂任务中，决策弱协同的小组比例差异	1	Z 统计量 −0.953，费希尔精确检验值 0.265	接受
	假设 2.4	比例之差检验，简单任务和复杂任务中，决策强协同的小组比例差异	1	Z 统计量 −0.687，费希尔精确检验值 0.367	接受
集成小组（ST_Ave）	假设 2.5a	ANOVA 检验，简单任务和复杂任务的 SAD 分数均值差异	组间：1 组内：40	F 值 374.422，p 值 0.000	拒绝
	假设 2.6a	方差齐性检验，简单任务和复杂任务的 SAD 分数方差差异	组间：1 组内：40	莱文统计量值 13.777，p 值 0.001	拒绝
	假设 2.7a	比例之差检验，简单任务和复杂任务中，决策弱协同的小组比例差异	1	Z 统计量 0.627，费希尔精确检验值 0.378	接受
	假设 2.8a	比例之差检验，简单任务和复杂任务中，决策强协同的小组比例差异	1	Z 统计量 0.000，费希尔精确检验值 0.633	接受

续表

小组类型	假设	检验	自由度	检验统计量	是否接受原假设
集成小组（ST_Med）	假设 2.5b	ANOVA 检验，简单任务和复杂任务的 SAD 分数均值差异	组间：1 组内：40	F 值 373.143，p 值 0.000	拒绝
	假设 2.6b	方差齐性检验，简单任务和复杂任务的 SAD 分数方差差异	组间：1 组内：40	莱文统计量值 13.542，p 值 0.001	拒绝
	假设 2.7b	比例之差检验，简单任务和复杂任务中，决策弱协同的小组比例差异	1	Z 统计量 −1.954，费希尔精确检验值 0.059	接受
	假设 2.8b	比例之差检验，简单任务和复杂任务中，决策强协同的小组比例差异	1	Z 统计量 0.000，费希尔精确检验值 0.628	接受

为了进一步比较同类型小组下对不同任务决策表现差异，我们引入了相对变量对其进行比较，具体见表 4–4。首先，从小组成员 SAD 高于小组 SAD 的比例来看，所有小组决策要优于一半以上的个人决策，说明不论采取何种小组合作形式，也不论是对何种复杂程度的任务作决策，小组决策表现大概率优于个人决策表现。此外，所有合作形式小组的简单任务比例都高于复杂任务比例，可能说明与复杂任务相比，简单任务在小组形式下容易作出更好的决策结果。其次，我们还计算了小组 SAD 与组内成员 SAD 均值相同或更低的比例，以及小组 SAD 与组内最小 SAD 值相同或更低的比例。发现除个别情形下两个任务的比例值差异较大外，其他情形差异较小。为了检验不同任务决策表现是否存在比较项目中的比例差异，我们做了比例之差检验。如表 4–3 所示，检验结果表明简单任务和复杂任务不存在比例差异。进一步说明不论在 FTF、ST_Ave 和 ST_Med，简单任务和复杂任务的决策表现是无差异的。

表 4-4 不同任务下小组与个人决策的 SAD 分值比较

比较项目	小组类型	简单任务	复杂任务
小组成员 SAD 高于小组 SAD 的比例	面对面小组（FTF）	63%	57%
	分散小组（ST_Ave）	72%	53%
	分散小组（ST_Med）	70%	66%
决策弱协同的小组比例	面对面小组（FTF）	52%	67%
	分散小组（ST_Ave）	48%	38%
	分散小组（ST_Med）	43%	71%
决策强协同的小组比例	面对面小组（FTF）	24%	33%
	分散小组（ST_Ave）	29%	29%
	分散小组（ST_Med）	33%	33%

综合以上假设检验结果分析，我们得到分散小组的决策效果和面对面小组的决策效果是一样的，且不同任务在小组环境中的决策效果也是一致的。关于 FMEA 分散小组的检测结果是令人满意的，该方法可协调地理位置分散、时区不同的小组成员决策活动，降低用于协调分散且遥远小组成员的沟通成本。因此，在实际中企业若因为现实条件限制无法构建小组进行面对面沟通和讨论，可通过邮件、即时通信等方式收集成员的决策信息，并使用相对简单的集成方法综合小组成员打分。

4.4.2 光伏发电项目风险测量

按照 4.4.1 节关于面对面小组和分散小组在不同任务下的决策表现比较分析，对光伏发电项目风险测量来说可通过构建分散的专家小组对其进行评估。本书共邀请了六名光伏领域的专家，运用 FMEA 方法对已识别的光伏发电项目风险进行评估。这六名专业人士均为光伏企业高管，在行业内有至少十年的从业经验，熟悉光伏发电项目运作和管理。因此，他们有良好的专业背景评估光伏发电项目风险。通过向六位专家发送电子问卷形式，收集他们对光伏发电项目潜在风险的评估，具体见表 4-5。

表 4–5 六名专家对实施光伏发电项目风险打分

阶段	风险	专家一			专家二			专家三			专家四			专家五			专家六		
		S	O	D	S	O	D	S	O	D	S	O	D	S	O	D	S	O	D
前期准备阶段	R_1	8	5	5	4	4	3	8	7	9	10	5	10	10	5	10	10	8	8
	R_2	3	3	3	2	2	3	8	3	2	1	1	1	3	3	5	2	2	2
	R_3	3	3	3	6	3	2	8	7	3	5	1	1	7	4	2	8	5	5
	R_4	2	2	2	4	3	2	5	5	3	1	1	1	3	8	3	4	4	4
	R_5	2	2	2	7	3	2	7	4	3	5	1	1	7	3	3	9	5	3
	R_6	3	3	3	5	4	4	7	6	3	5	5	5	6	10	2	6	5	7
	R_7	3	3	3	3	3	3	7	6	3	5	5	5	6	5	5	6	3	3
施工阶段	R_8	2	2	2	8	3	2	8	4	3	1	1	1	7	6	3	9	4	4
	R_9	3	3	3	5	3	2	7	6	2	5	5	5	8	8	4	6	3	3
	R_{10}	2	2	2	7	2	2	6	6	2	5	5	5	3	5	2	5	3	3
	R_{11}	1	1	1	9	2	4	8	2	2	10	2	10	8	1	5	1	1	1
	R_{12}	2	2	2	9	3	3	8	3	2	10	2	10	8	2	2	5	2	2
	R_{13}	3	3	3	6	5	4	6	3	2	3	3	3	3	3	3	4	4	3
运营阶段	R_{14}	3	3	3	6	3	2	7	7	7	7	2	10	5	3	3	8	8	4
	R_{15}	4	4	4	5	4	4	8	8	7	8	5	5	8	10	1	8	8	8
	R_{16}	4	4	4	4	4	4	8	8	7	10	5	10	9	10	1	10	10	10
	R_{17}	3	3	3	6	3	3	7	6	6	9	4	5	5	2	1	8	5	4
	R_{18}	2	2	2	8	3	2	7	5	5	10	4	1	4	2	1	5	4	2
	R_{19}	2	2	2	8	3	2	7	4	4	10	4	1	5	1	1	5	2	2
	R_{20}	2	2	2	7	2	3	6	3	2	10	2	8	5	1	1	9	2	2
	R_{21}	2	2	2	8	2	2	7	2	2	10	2	10	8	1	1	10	2	2

按照上文实验结果，使用算数平均和中值法集成所有专家的风险评估与所有专家面对面交流的评估效果一样。因此，本书分别采用算数平均和中值法计算获得专家组对光伏项目风险因子（S,O,D）的综合评估值。根据 FMEA 方法中 RPN 的计算方法，我们获得两种集成方法下的 RPN 值及每个潜在风险的排序，见表 4–6。

表 4-6 光伏发电项目潜在风险 RPN 值和排序

生命周期阶段	潜在风险	基于算数平均的 RPN 值	分阶段排序	总排序	基于中值的 RPN 值	分阶段排序	总排序
前期准备阶段	R_1	354.167	1	1	382.500	1	1
	R_2	19.704	7	21	15.625	7	21
	R_3	63.037	4	9	56.875	4	10
	R_4	30.347	6	20	30.625	6	18
	R_5	43.167	5	16	52.500	5	11
	R_6	117.333	2	5	96.250	2	4
	R_7	76.389	3	8	66.000	3	7
施工阶段	R_8	48.611	3	11	65.625	2	9
	R_9	83.741	1	7	66.000	1	8
	R_{10}	47.704	4	12	40.000	3	13
	R_{11}	35.458	6	18	36.000	4	14
	R_{12}	57.167	2	10	32.000	5	15
	R_{13}	43.750	5	13	31.500	6	17
运营阶段	R_{14}	125.667	3	4	68.250	4	6
	R_{15}	214.681	2	3	234.000	2	3
	R_{16}	307.500	1	2	303.875	1	2
	R_{17}	89.019	4	6	79.625	3	5
	R_{18}	43.333	6	15	42.000	5	12
	R_{19}	32.889	8	19	30.000	7	19
	R_{20}	39.000	7	17	26.000	8	20
	R_{21}	43.542	5	14	32.000	6	16

从项目分阶段的风险排序来看，前期准备阶段应重点关注和解决的风险事件为能源政策发生变化（R_1）、项目审批手续烦琐（R_6）和市场利率变动（R_7）。政策和市场利率变动与项目未来收益直接相关；审批过程影响项目进展，手续过于繁杂使得项目延误，增加了项目开展的不确定性，可能会影响项目收益。在施工阶段，不同集成方法产生的风险排序不同。基

于算数平均的 RPN 方法认为应重点关注和解决的风险事件为施工进度延误或延期（R_9）、项目施工地的自然灾害和意外事故（R_{12}）和光伏发电设备选取不当（R_8）；基于中值的 RPN 方法认为除了 R_9 和 R_8 外，还需重点关注人为盗窃（R_{10}）风险。施工进度延误或延期主要影响项目后续运营和管理，增加项目运营的不确定性。自然灾害、意外事故和人为盗窃会增加项目财产损失，增加项目成本。设备选取不当影响未来项目的发电量和设备维修率，增加项目运营成本。在运营阶段，不同集成方法产生的风险排序也不同。基于算数平均的 RPN 方法认为应重点关注和解决的风险事件为光伏电价补贴不到位（R_{16}）、电费结算滞后（R_{15}）和电站发电量不稳定（R_{14}）；基于中值的 RPN 方法认为除了 R_{16} 和 R_{15} 外，还需重点关注项目运营期的发电设备故障风险（R_{17}）。光伏项目运营主要收入是电价补贴和电费收入，补贴不及时、不到位、电网企业结算电费滞后将阻碍项目的可持续运营。电站发电量的不稳定主要与当地的气候条件、设备运行相关，发电量不稳定影响光伏发电并网。最后发电设备故障不仅影响维修和运营成本，还关系着发电量，定期检修发电设备对项目运营至关重要。

从项目生命周期总体风险排序来看，两种集成方法下的潜在风险 RPN 值和排序相差不大。两种集成方法均认为能源政策发生变化（R_1），光伏电价补贴不到位（R_{16}）和电费结算滞后（R_{15}）的风险优先级最高，分别位列第 1、第 2 和第 3，是光伏发电项目最需要密切关注的风险。光伏产业具有朝阳性特征，行业的制造、配套和应用等环节还处于不断完善和发展的阶段。光伏发电成本仍旧较高，为 0.9 ~ 1 元 / 度，相比之下火电成本约为 0.4 元 / 度，水电和核电成本为 0.2 ~ 0.3 元 / 度和 0.3 ~ 0.4 元 / 度。因此，在现有的技术条件下，光伏发电项目仍依赖政府政策的支持，还不具备与其他常规能源发电竞争优势。从 3.3 节我国光伏发电项目发展状况分析可知，国家设立可再生能源发展基金支持太阳能资源的开发利用，但政策的变化和宏观经济因素导致补贴不足给光伏发电项目发展带来不确定性。因此，在光伏发电项目前期，启动光伏发电项目之前，企业决策者应重点关

注风险事件 R_1、R_{16} 和 R_{15}。

4.5 本章小结

本章从光伏发电项目生命周期视角识别了不同阶段的风险事件，并运用 FMEA 方法邀请多名光伏领域专家对已识别风险事件的严重性、发生率和难检度进行评估。结果显示，能源政策发生变化、光伏电价补贴不到位和电费结算滞后是光伏发电项目立项前最需要关注的风险。此外，还通过实验证明运用算数平均或中值法集成所有专家独立决策的效果和面对面专家小组决策效果无差别。

5 光伏发电项目前期电站选址决策研究

5.1 引言

在光伏发电项目前期，光伏电站区位选择是关键步骤之一，关系着未来电站运营期发电量和经济效益，同时也影响着当地的环境和社会效益。选址需要考虑本地的气候条件、土质、地形地貌、政策扶持等。因此，光伏电站选址是一个复杂的多准则决策问题。然而，以往研究多从本地的气候条件考察是否适合投资建厂，很少综合考虑区位的多方面因素；同时，区位选择模型构建很少考虑决策信息的主观性和模糊性，以及决策者的有限理性。针对这一问题，本书提出了一种基于可变精度粗糙数和前景理论的光伏区位选择方法，该方法包括两个阶段：一是确定指标权重，二是构建基于可变精度粗糙数和前景理论的 TOPSIS 方法选择适宜的光伏电站区位。这种新方法融合了可变精度粗糙数在灵活处理模糊信息方面的优势。本章的研究路线如图 5-1 所示。

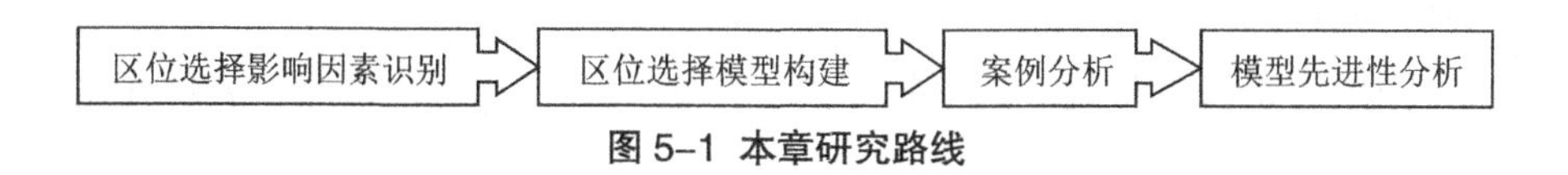

图 5-1 本章研究路线

5.2 光伏发电项目选址的影响因素分析

光伏发电站区位选择不当会降低电站未来发电量，增加建设成本和运营维护成本，降低电站寿命，甚至可能损坏生态环境等。因此，项目投资者应全面、综合地考察电站选址。一般而言，光伏发电项目备选地址的资源、经济、环境和社会都是影响光伏发电厂选址的因素，主要涉及当地的气象环境、土地使用、交通条件、地质条件、电网接入条件、环保等，具体阐述如下。

（1）收集备选区位的气象观测数据。气象数据包含年均光照时间，光照辐射强度，海拔高度，年降雨量和降雪量，最高和最低气温，相对湿度，极端天气次数（如沙尘暴、暴雨暴雪、飓风、寒潮等），等等。通过统计这些数据，深入了解备选区位的气象条件。光伏电站应建在光照资源丰富、湿度较低、极端天气较少的地区。

（2）电站建设土地应当符合当地土地使用标准，不能建在农田、林地和其他项目已规划的用地等。投资者在确定选址时应及时与当地相关部门确认选址是否符合用地使用要求。同时，还应与当地协商土地所有权和使用权情况，确定土地征用价格。

（3）勘察电站建设用地的地质、地理及可能存在的地质灾害情况。场地的地形朝向、地面起伏坡度、地表土质特性等需要重点考虑，这些因素影响场地建设成本和搭建光伏组件架构的施工难度。电站应选择建在地势平坦开阔的地带，地面坡度较小，组件朝向正南建设且正面无遮蔽物。此外，考察地质灾害情况，包括泥石流、水土流失、地震、地面塌陷等发生的可能性；应向有关部门了解建设场地是否覆盖矿产和文物等。电站应建在地质灾害较少的区位。

（4）考察备选厂址周边交通条件。厂址附近应有进出道路，方便光伏发电设备运输。若选择的厂址地点较为偏僻，光伏系统大型设备无法及时输入到场地，则应考虑新修道路，这将增加项目建设成本，降低项目的投资回报率。

（5）考察电站的电力输送条件。项目投资者应与电网公司提前沟通，充分了解电站接入电力系统的可能性和条件，包含变电站容量、电网负荷、电压等。同时，测量电站线路到电网系统变电站的距离，电站应建在距离变电站较近的地点，从而降低输电线路铺设成本和电量损失。

（6）考察项目建设对本地生态环境的影响，包含有利影响和不利影响。有利影响主要是光伏发电项目实施可以间接减少当地污染物排放量，减少环境破坏。不利影响包含项目建设过程中的扬尘、土地平整后水土流失风险及对植被生态环境的影响。

（7）考察当地的可再生能源政策。德国、法国、西班牙、中国和澳大利亚等国家已经颁布了可再生能源政策支持光伏行业的发展。光伏发电项目非常依赖政策支持。投资者应着重调研地方政府对光伏发电项目的政策优惠，在开发、建设和运营阶段是否有政府支持积极解决发展中的问题。

（8）考察当地公众对光伏发电项目的态度。大型光伏地面电站有非常多的光伏阵列构成，组件会反射一部分光源，对周围居民产生视觉影响，这可能会阻碍光伏设施的社会认可；此外，我国西部地区的光照资源丰富，很多光伏发电项目选择建在该地区，但西部地区大部分人口为少数民族，他们有不同的宗教信仰，在建造光伏电站前应充分调研电站是否与当地宗教信仰有冲突。在实施项目前应充分了解当地居民需求，针对居民需求做好光伏发电项目的宣传工作，减少公众误解。

总之，光伏电站建设地址选择须同时考虑资源、经济、环境和社会方面的影响因素。通过梳理以往关于光伏电站选址的研究，我们总结了光伏发电项目选址影响因素，如表 5-1 所示。

表 5-1 以往研究中光伏发电项目选址影响因素

指标	说明
光照时间	光照时间指在一定时间内的光照持续时间。持续时间越长，发电潜力越大
太阳辐射	太阳辐射指特定时间内太阳的能量辐射到一定水平面内的总量。太阳向本地水平面发射的辐射量越多，那么本地的光伏发电厂发电的潜力就越大
成本	成本指光伏发电项目实施过程中产生的各种费用，包括土地购置成本、光伏组件采购成本、电厂其他基础设施成本、光伏组件的维修和维护成本、安置和恢复成本等

续表

指标	说明
地理条件	该项指标描述了本地交通和电网到达备选光伏发电厂的可能性，如电厂与道路的距离和电厂与输电网的距离。距离越远，道路建设或者线路铺设建设所需要的成本也会越高
地形地貌	该指标描述光伏电站建设地址的地形地貌状况。光伏组件应安装在较为平坦的地面并向着太阳的方向安装。若地面不平整，地形高低起伏，则需要花费更多的费用来加固光伏组件的安装，增加成本
环境影响	该指标指建设光伏电站对环境的正面或负面影响，负面影响包括电站建设期的粉尘污染和水土流失，正面影响包括电站运营后所带来的节能收益和污染物减排收益
土地类型	在我国，有详细的土地规划用途分类，包含农用地和建设用地等。光伏发电站只能建在工业项目用地上
政策支持	该指标指本地政府为促进可再生能源的发展而提供的政策支持，如土地使用支持政策、补贴政策、税收抵免政策等
公众支持	该指标指光伏电站项目的实施应获得当地居民的支持。应对当地居民做好光伏发电项目的宣传工作，让人们认可光伏项目对本地经济和就业的带动作用，以及对环境的影响
对本地经济的影响	该指标指应综合考察光伏发电项目的实施对本地经济的影响，这些影响包括创造就业机会、增加人们的收入以及市政当局的财政收入等

5.3 光伏发电项目选址模型的构建

在光伏发电站选址影响因素分析基础上，可根据影响因素对各个光伏发电厂备选区位进行评估。由于项目资金和项目人员的数量有限，决策者需要对潜在的项目建设区位进行评估和选择，确定不同区位的优先次序，从而将有限的资源投入到最适宜开发电站的项目上。然而，传统的光伏发电厂区位选择方法常常忽视不确定环境下决策者判断的模糊性、认知有限性和有限理性。因而，本书将可变精度粗糙集理论应用到TOPSIS方法中，通过集成方法处理决策过程中的不确定信息，从而较为准确地选择适宜开发光伏发电厂的区位。在无先验信息的情况下，可变精度粗糙集可灵活地处理决策者判断的模糊性和主观性，同时前景理论可以有效地处理专家判断的有限理性。

5.3.1　区位评估指标的重要性确定

光伏发电厂的区位评估指标重要性由专家依据自身专业背景和工作经验直接评估。具体的计算步骤如下。

第一步，确定指标的原始重要性评估。

邀请经验丰富的领域专家构成专家委员会，通过 1 ~ 10 分制对区位选择评估指标的重要性进行评价和打分，分数 1 表示指标对区位选择最不重要，分数 10 表示指标对区位选择最重要，随着分数的上升，指标重要性越来越高。假设所有专家对第 j 个指标的重要性评估向量 ζ_j 如式（5–1）所示：

$$\zeta_j=\left(\zeta_j^1,\zeta_j^2,\cdots,\zeta_j^k,\cdots,\zeta_j^d\right),k=1,2,\cdots,d;\ j=1,2,\cdots,n \tag{5–1}$$

其中，ζ_j^k 为第 k 个专家对第 j 个指标重要性的原始评估。从式（5–1）可看到共有 d 个专家组成专家委员会。

第二步，将专家的原始重要性评估转换为可变精度粗糙区间。

可变精度粗糙集理论[132]是一种有效处理主观和不准确的信息的数学工具，不需要太多的事先假设和其他调整。隐含在专家决策过程中的模糊和不精确信息可以通过可变精度粗糙集理论中的一组概念（即上近似和下近似）来挖掘和处理[133]。此外，由于决策专家经验和知识的不同，对指标的认识和了解可能具有不同程度的认知模糊性。为了表征该模糊性，在精确值转换成粗糙数的过程中引入了一个参数——可变精度 α，因此，粗糙数被称为可变精度粗糙数。指标重要性的精确判断值被转换为可变精度粗糙数（VPRN）的形式，具体的转换过程如下所示：

$$\underline{\mathrm{Apr}}^{\alpha}\left(\zeta_j^k\right)=\cup\left\{\zeta_j^l\in\zeta_j\left|\zeta_j^l\leqslant\zeta_j^k,\left(\zeta_j^k-\zeta_j^l\right)\leqslant\alpha g\right.\right\}=\cup\left\{\zeta_j^l\in\zeta_j\left|\zeta_j^k-\alpha g\leqslant\zeta_j^l\leqslant\zeta_j^k\right.\right\} \tag{5–2}$$

$$\overline{\mathrm{Apr}}^{\alpha}\left(\zeta_j^k\right)=\cup\left\{\zeta_j^l\in\zeta_j\left|\zeta_j^l\geqslant\zeta_j^k,\left(\zeta_j^k-\zeta_j^l\right)\leqslant\alpha g\right.\right\}=\cup\left\{\zeta_j^l\in\zeta_j\left|\zeta_j^k\leqslant\zeta_j^l\leqslant\zeta_j^k+\alpha g\right.\right\} \tag{5–3}$$

其中，$g=\max_k \zeta_j^k-\min_k \zeta_j^k$为第$j$个指标重要性评估向量$\zeta_j$的模糊距离。那么，第$k$个专家对第$j$个指标重要性的原始评价可按以下步骤转换为可变精度粗糙数：

$$\zeta_j^{kL}=\sqrt[p]{\left(\prod \zeta_j^l\right)}\bigg|\zeta_j^l\in \underline{\text{Apr}}^{\alpha}\left(\zeta_j^k\right) \tag{5-4}$$

$$\zeta_j^{kU}=\sqrt[q]{\left(\prod \zeta_j^l\right)}\bigg|\zeta_j^l\in \overline{\text{Apr}}^{\alpha}\left(\zeta_j^k\right) \tag{5-5}$$

其中，ζ_j^{kL}和ζ_j^{kU}分别为ζ_j^k的可变精度粗糙数的下界限和上界限。p和q分别是两种情况中元素数量。因此，ζ_j^k的原始重要性评估可转化成可变精度粗糙数的形式：

$$\text{VPRN}^{\alpha}\left(\zeta_j^k\right)=\left[\zeta_j^{kL},\zeta_j^{kU}\right]\quad\left(\alpha\in[0,1]\right) \tag{5-6}$$

粗糙数的边界间隔为

$$\text{IBR}^{\alpha}\left(\zeta_j^k\right)=\zeta_j^{kU}-\zeta_j^{kL} \tag{5-7}$$

其中，式（5–7）描述了可变精度粗糙数的模糊程度。

变精度参数α代表认知模糊度，在[0，1]区间内变化，可将其划分成三种情形。①如果$\alpha=0$，说明所有专家不存在认知不确定。专家提供的所有评估都是完全确定的，即$\underline{\text{Apr}}^0\left(\zeta_j^k\right)=\overline{\text{Apr}}^0\left(\zeta_j^k\right)$，$\text{VPRN}^0\left(\zeta_j^k\right)=\left[\zeta_j^k\right]$。在这种情况下，可变精度粗糙数是确定的，是精确数。②如果$\alpha=1$，说明所有专家的认知存在完全的不确定。ζ_j^k的模糊范围由所有专家的评估确定。③如果$\alpha\in(0,1)$，说明专家评估中存在不完全认知模糊。ζ_j^k的上近似和下近似中的模糊距离由$\alpha\times g$确定。在这种情形下，上近似和下近似集合中的元素数量少于完全认知模糊情形下（$\alpha=1$）的上近似和下近似集合中的元素数量。在本书中，分别赋予可变精度α的参数值为0、0.5和1，用来描述不同的认知模糊度对专家判断模糊范围的影响。

此外，式（5–8）～式（5–10）展示了可变精度粗糙数重要性的算术运算式。

$$\text{VPRN}^{\alpha}\left(\zeta_j^1\right)+\text{VPRN}^{\alpha}\left(\zeta_j^2\right)=\left[\zeta_j^{1L},\zeta_j^{1U}\right]+\left[\zeta_j^{2L},\zeta_j^{2U}\right]=\left[\zeta_j^{1L}+\zeta_j^{2L},\zeta_j^{1U}+\zeta_j^{2U}\right] \tag{5-8}$$

$$t\times \mathrm{VPRN}^{\alpha}\left(\zeta_j^1\right)=t\times\left[\zeta_j^{1\mathrm{L}},\zeta_j^{1\mathrm{U}}\right]=\left[t\zeta_j^{1\mathrm{L}},t\zeta_j^{1\mathrm{U}}\right] \tag{5-9}$$

$$\mathrm{VPRN}^{\alpha}\left(\zeta_j^1\right)\times \mathrm{VPRN}^{\alpha}\left(\zeta_j^2\right)=\left[\zeta_j^{1\mathrm{L}},\zeta_j^{1\mathrm{U}}\right]\times\left[\zeta_j^{2\mathrm{L}},\zeta_j^{2\mathrm{U}}\right]=\left[\zeta_j^{1\mathrm{L}}\times\zeta_j^{2\mathrm{L}},\zeta_j^{1\mathrm{U}}\times\zeta_j^{2\mathrm{U}}\right] \tag{5-10}$$

其中，$\mathrm{VPRN}^{\alpha}\left(\zeta_j^1\right)$和$\mathrm{VPRN}^{\alpha}\left(\zeta_j^2\right)$为任意两个对第$j$个指标的可变精度粗糙数重要性评价。$t$为非零常数。

第三步，集成所有专家的可变精度粗糙数重要性。

然后，根据式（5–11）~式（5–13），将所有专家对第j个指标的重要性评分进行集成，获得可变精度粗糙数形式的专家平均打分，即可变精度粗糙群决策。

$$\overline{\mathrm{VPRN}^{\alpha}(\zeta_j)}=[\zeta_j^{\mathrm{L}},\zeta_j^{\mathrm{U}}] \tag{5-11}$$

$$\zeta_j^{\mathrm{L}}=\sqrt[d]{\prod\left(\zeta_j^{k\mathrm{L}}\right)} \tag{5-12}$$

$$\zeta_j^{\mathrm{U}}=\sqrt[d]{\prod\left(\zeta_j^{k\mathrm{U}}\right)} \tag{5-13}$$

其中，ζ_j^{L}和ζ_j^{U}分别为第j个指标重要性的粗糙群决策$\overline{\mathrm{VPRN}^{\alpha}(\zeta_j)}$的下界限和上界限。

5.3.2 光伏发电厂区位的评估

本节将运用扩展的TOPSIS方法获取光伏发电项目备选区位的优势度排序。该方法整合了可变精度粗糙集理论和前景理论的优势，可有效地解决专家判断中的模糊性、主观性和有限理性的问题，具体的计算过程如下。

第一步，构建可变精度粗糙决策矩阵。

假设共有m个光伏发电项目备选区位，需要综合评估其在n个指标下的表现。在该环节中，指标重要性判断阶段中的同一组专家委员会接着对备选区位进行评估和判断。类似的，使用1~10分值，分数越高表示备选区位在指标下的表现越好。在这种情况下，光伏发电项目备选区位选择可视为多属性群决策问题。由此，来自第k个专家的决策矩阵$\boldsymbol{M}^k$如下所示：

$$\boldsymbol{M}^k = \begin{bmatrix} z_{11}^k & z_{12}^k & \cdots & z_{1n}^k \\ z_{21}^k & z_{22}^k & \cdots & z_{2n}^k \\ \vdots & \vdots & \ddots & \vdots \\ z_{m1}^k & z_{m2}^k & \cdots & z_{mn}^k \end{bmatrix} \tag{5-14}$$

其中，z_{ij}^k 代表第 k 个专家对第 i 个光伏备选区位在第 j 个指标下的表现的打分，$j=1,2,\cdots,n;\ k=1,2,\cdots,d$。与指标权重计算阶段中的计算过程类似，可将确定的专家评估 z_{ij}^k 转换为粗糙区间形式，从而获得可变精度粗糙决策矩阵。那么，z_{ij}^k 的可变精度粗糙评估可表示为

$$\text{VPRN}^{\alpha}\left(z_{ij}^k\right)=\left[z_{ij}^{k\text{L}},z_{ij}^{k\text{U}}\right] \quad (\alpha\in[0,1]) \tag{5-15}$$

其中，$z_{ij}^{k\text{L}}$ 和 $z_{ij}^{k\text{U}}$ 分别为粗糙区间 $\text{VPRN}^{\alpha}\left(z_{ij}^k\right)$ 的下界限和上界限。接着，集成所有专家的打分，并得到第 i 个区位在第 j 个指标下的综合表现为

$$\overline{\text{VPRN}^{\alpha}(z_{ij})}=[z_{ij}^{\text{L}},z_{ij}^{\text{U}}] \tag{5-16}$$

$$z_{ij}^{\text{L}}=\sqrt[d]{\prod\left(z_{ij}^{k\text{L}}\right)} \tag{5-17}$$

$$z_{ij}^{\text{U}}=\sqrt[d]{\prod\left(z_{ij}^{k\text{U}}\right)} \tag{5-18}$$

其中，z_{ij}^{L} 和 z_{ij}^{U} 分别为 $z_{ij}^{k\text{L}}$ 和 $z_{ij}^{k\text{U}}$ 的平均值。可变精度粗糙群决策矩阵 $\mathbf{VPR}^{\alpha}$ 可表示为

$$\mathbf{VPR}^{\alpha}=\begin{bmatrix} [z_{11}^{\text{L}},z_{11}^{\text{U}}] & [z_{12}^{\text{L}},z_{12}^{\text{U}}] & \cdots & [z_{1n}^{\text{L}},z_{1n}^{\text{U}}] \\ [z_{21}^{\text{L}},z_{21}^{\text{U}}] & [z_{21}^{\text{L}},z_{21}^{\text{U}}] & \cdots & [z_{2n}^{\text{L}},z_{2n}^{\text{U}}] \\ \vdots & \vdots & \ddots & \vdots \\ [z_{m1}^{\text{L}},z_{m1}^{\text{U}}] & [z_{m2}^{\text{L}},z_{m2}^{\text{U}}] & \cdots & [z_{mn}^{\text{L}},z_{mn}^{\text{U}}] \end{bmatrix} \tag{5-19}$$

第二步，计算归一化的可变精度粗糙决策矩阵。

通过归一化方法使得不同单位的指标降落在可比较的区间内，将式（5-19）归一化，具体转化方法如下所示：

$$z_{ij}^{\text{L}'}=z_{ij}^{\text{L}}/\max_{i=1}^{m}\{\max[z_{ij}^{\text{L}},z_{ij}^{\text{U}}]\},\quad z_{ij}^{\text{U}'}=z_{ij}^{\text{U}}/\max_{i=1}^{m}\{\max[z_{ij}^{\text{L}},z_{ij}^{\text{U}}]\} \tag{5-20}$$

其中，[$z_{ij}^{\text{L}'},z_{ij}^{\text{U}'}$] 为粗糙评估 [$z_{ij}^{\text{L}},z_{ij}^{\text{U}}$] 的归一化形式，且上界限值和下界限值在 [0，1] 区间内。

第三步，识别正理想解（PIS）和负理想解（NIS）。

$$\text{PIS}=\begin{cases} z_j^+=[\max_{i=1}^m(z_{ij}^{L'}),\max_{i=1}^m(z_{ij}^{U'})], & (j\in B) \\ z_j^+=[\min_{i=1}^m(z_{ij}^{L'}),\min_{i=1}^m(z_{ij}^{U'})], & (j\in C) \end{cases} \tag{5-21}$$

$$\text{NIS}=\begin{cases} z_j^-=[\min_{i=1}^m(z_{ij}^{L'}),\min_{i=1}^m(z_{ij}^{U'})], & (j\in B) \\ z_j^-=[\max_{i=1}^m(z_{ij}^{L'}),\max_{i=1}^m(z_{ij}^{U'})], & (j\in C) \end{cases} \tag{5-22}$$

其中，z_j^+ 和 z_j^- 分别为第 j 个指标的正理想解和负理想解。集合 B 和 C 分别包含收益指标和成本指标。收益指标值越大越好，而成本指标值越小越好。然后，使用欧几里得距离算子[134]，通过以下公式计算每个备选光伏发电厂区位与最优解和最劣解的距离：

$$s_{ij}^+=\begin{cases} \sqrt[2]{(z_{ij}^L-z_j^{U^+})^2+(z_{ij}^U-z_j^{L^+})^2}, & (j\in B) \\ \sqrt[2]{(z_{ij}^L-z_j^{L^+})^2+(z_{ij}^U-z_j^{U^+})^2}, & (j\in C) \end{cases} \tag{5-23}$$

$$s_{ij}^-=\begin{cases} \sqrt[2]{(z_{ij}^L-z_j^{U^-})^2+(z_{ij}^U-z_j^{L^-})^2}, & (j\in B) \\ \sqrt[2]{(z_{ij}^L-z_j^{L^-})^2+(z_{ij}^U-z_j^{U^-})^2}, & (j\in C) \end{cases} \tag{5-24}$$

其中，$z_j^{L^+}$ 和 $z_j^{U^+}$ 分别为 z_j^+ 的下界限和上界限；$z_j^{L^-}$ 和 $z_j^{U^-}$ 分别是 z_j^- 的下界限和上界限。s_{ij}^+ 和 s_{ij}^- 分别代表在第 j 个指标下，第 i 个光伏发电厂区位到最优解和最劣解的距离。$i=1,2,\cdots,m$；$j=1,2,\cdots,n$。

第四步，计算基于前景理论的贴近度系数。

在传统的 TOPSIS 中，一旦确定了每个区位与 PIS 和 NIS 的距离，便可获得贴近度系数，从而对备选的区位进行排名。但是，传统的 TOPSIS 方法并没有考虑专家的有限理性决策行为。现实中，人们的决策行为往往不是完全理性的。因而，在这一步中开发了基于前景理论的贴近度系数。

首先介绍前景理论。该理论通过开发价值函数和概率加权函数来描述人们在决策过程中的选择行为。最常用的价值函数如式（5–25）所示：

$$v(x)=\begin{cases} x^\sigma, & x\geqslant 0 \\ -\lambda(-x)^\varsigma, & x<0 \end{cases} \tag{5-25}$$

其中，x 为表面值和参考值间的变化量。举例来说，某企业经理期望某个项目的未来收益为1000万元人民币。然而，在项目结束时的项目收入为1500万元人民币，比预期增加了500万元人民币。在这种情形下，项目期望收入1000万元人民币为参考点，项目最终收入1500万元人民币为项目的表面价值。表面价值与期望收入的增加量为500万元人民币，即变量x。如果x为正，则表示项目的风险收益；如果x为负，则为项目的风险损失。σ和ς分别反映了收益和损失的曲线凹凸程度。$0<\sigma$，$\varsigma<1$显示决策者对风险的敏感性下降的速度。λ为损失规避的程度。通常情况下，$\sigma=\varsigma=0.88$，$\lambda=2.25$[77]。

前景理论中的另一个重要函数为概率加权函数[77]，表达公式如下：

$$w^{+}(y)=y^{\delta}/(y^{\delta}+(1-y)^{\delta})^{1/\delta} \tag{5-26}$$

$$w^{-}(y)=y^{\theta}/(y^{\theta}+(1-y)^{\theta})^{1/\theta} \tag{5-27}$$

其中，$w^{+}(y)$和$w^{-}(y)$分别为概率为y时的收益和损失加权函数。δ和θ是分别反映人们对待风险收益和风险损失的态度参数。已有行为实验证明，$\delta=0.6$，$\theta=0.72$。基于以上前景理论，我们改进了贴近度系数的计算过程，具体如下所示。

在计算每个备选光伏发电厂区位的价值函数值前，应先计算每个区位的加权函数值。为了获得加权函数值，式（5–11）中指标的可变精度粗糙重要性先根据以下公式转换为确定值。

（1）归一化

$$\tilde{\zeta}_j^{\mathrm{L}}=\left(\zeta_j^{\mathrm{L}}-\min_j\zeta_j^{\mathrm{L}}\right)/\left(\max_j\zeta_j^{\mathrm{U}}-\min_j\zeta_j^{\mathrm{L}}\right) \tag{5-28}$$

$$\tilde{\zeta}_j^{\mathrm{U}}=\left(\zeta_j^{\mathrm{U}}-\min_j\zeta_j^{\mathrm{L}}\right)/\left(\max_j\zeta_j^{\mathrm{U}}-\min_j\zeta_j^{\mathrm{L}}\right) \tag{5-29}$$

其中，$\tilde{\zeta}_j^{\mathrm{L}}$和$\tilde{\zeta}_j^{\mathrm{U}}$分别为$\zeta_j^{\mathrm{L}}$和$\zeta_j^{\mathrm{U}}$的归一化形式。

（2）定义参数

$$\tau_j=\left[\tilde{\zeta}_j^{\mathrm{L}}\times\left(1-\tilde{\zeta}_j^{\mathrm{L}}\right)+\tilde{\zeta}_j^{\mathrm{U}}\times\tilde{\zeta}_j^{\mathrm{U}}\right]/\left(1-\tilde{\zeta}_j^{\mathrm{L}}+\tilde{\zeta}_j^{\mathrm{U}}\right) \tag{5-30}$$

（3）计算指标重要性的确定值形式

$$\tilde{\zeta}_j=\min_j\zeta_j^{\mathrm{L}}+\tau_j\times\left(\max_j\zeta_j^{\mathrm{U}}-\min_j\zeta_j^{\mathrm{L}}\right) \tag{5-31}$$

其中，$\tilde{\zeta}_j$ 为可变精度粗糙重要性 $\overline{\mathrm{VPRN}^{\alpha}(\zeta_j)}$ 的确定值形式。然后，可获得指标的规范化值为

$$\tilde{\zeta}'_j = \tilde{\zeta}_j / \max_j \tilde{\zeta}_j \tag{5-32}$$

因此，$\tilde{\zeta}'_j$ 的加权函数值为

$$w^{+}(\tilde{\zeta}'_j) = \tilde{\zeta}'^{\delta}_j / (\tilde{\zeta}'^{\delta}_j + (1-\tilde{\zeta}'^{\delta}_j))^{1/\delta} \tag{5-33}$$

$$w^{-}(\tilde{\zeta}'_j) = \tilde{\zeta}'^{\theta}_j / (\tilde{\zeta}'^{\theta}_j + (1-\tilde{\zeta}'_j)^{\theta})^{1/\theta} \tag{5-34}$$

其中，$w^{+}(\tilde{\zeta}'_j)$ 为风险收益下 $\tilde{\zeta}'_j$ 的权重函数值，$w^{-}(\tilde{\zeta}'_j)$ 为风险损失下 $\tilde{\zeta}'_j$ 的权重函数值。

如果将正理想解（PIS）视为参考点，则对决策者来说，每个备选的光伏发电厂区位相对于参考点均会产生损失（即 $-s_{ij}^{+}$）。相反，若将负理想解（PIS）视为参考点，则对决策者来说，每个备选的光伏发电厂区位相对于参考点均会产生收益（即 s_{ij}^{-}）。因此，可按以下公式获得每个备选光伏发电厂区位的损益的加权价值函数值。

$$v_i^{+} = \sum_{j=1}^{n} w^{+}(\tilde{\zeta}'_j)(s_{ij}^{-})^{\sigma} \tag{5-35}$$

$$v_i^{-} = -\lambda \sum_{j=1}^{n} w^{-}(\tilde{\zeta}'_j)[-(-s_{ij}^{+})^{\varsigma}] \tag{5-36}$$

其中，v_i^{+} 和 v_i^{-} 分别代表第 i 个光伏发电厂区位的收益和损失加权价值函数值。那么，考虑专家风险心理因素（即有限理性）的贴近度系数为

$$c_i = \frac{v_i^{+}}{\left|v_i^{-}\right| + v_i^{+}} \tag{5-37}$$

其中，c_i 是第 i 个光伏发电厂区位的贴近度系数。贴近度系数值越大，那么第 i 个备选区位更适合建光伏发电厂。显然，我们可以根据备选光伏发电厂区位的贴近度系数来选择最优的电站区位。

5.4 案例分析

5.4.1 案例背景

为了验证区位选择方法的适用性和有效性，在本节中，将其应用于我国某个发电公司为实施10 MW光伏发电项目选择最佳建设区位。目前，已初步识别四个供选择的建设地点，分别为陕西省靖边县（A）、山东省宁阳县（B）、甘肃省七里镇（C）和西藏甲龙沟（D）。四个地区的经济发展、能源规划和气候环境不完全相同。具体来看，甘肃和西藏光照资源丰富，为我国的少数民族居住区。因此，在这些地区建设光伏发电厂必须考虑社会风险，尤其是当地的公众支持和政策支持。为了评估备选区位建设光伏电站的优先顺序，我们邀请了多位专家成立了专家委员会，具体包括两名项目经理，一名项目投资人和一名能源工程学者，他们在光伏领域至少有10年的技术和工作经验。专家承担两项工作：一项是确定厂址评估指标的重要程度，另一项是评估备选区位在每个指标下的性能。在正式开始评估工作之前，由作者组织专家深入讨论和了解各项评估指标。他们认为社会类指标对评估光伏发电厂区位十分重要，是评估区位的标准之一，与其他指标共同用以评估光伏发电项目的建设地址。评估指标包含光照时间、太阳辐射量、地形地貌、地理条件、土地类型、项目成本、环境影响、政策支持、公众支持以及对本地经济的影响，具体见表5–2。然后向专家发放了设计问卷，根据备选厂址信息填写问卷。

5.4.2 确定区位评估指标权重和区位排序

本节将应用5.3节提出的方法来获得实际案例中指标的权重和光伏电站备选区位的排名顺序。

表 5-2 专家提供的指标重要性

指标	专家			
	d_1	d_2	d_3	d_4
光照时间	10	10	9	10
太阳辐射	8	10	7	9
地形地貌	7	6	6	7
地理条件	5	9	5	6
土地类型	8	8	4	6
环境影响	3	5	8	10
项目成本	5	10	8	9
政策支持	9	10	10	10
公众支持	2	6	6	8
对本地经济的影响	5	6	5	8

第一阶段需要计算选址指标的权重。首先，收集专家们对指标重要性的打分（见表 5–2）。考虑到专家打分过程中固有的主观性和模糊性，依据式（5–1）~式（5–6），将确定的指标重要性转换为可变精度粗糙数形式。以可变精度参数 $\alpha=0.5$ 为例，表 5–3 展示了每个专家提供的指标可变精度粗糙重要性。接下来，基于式（5–11）~式（5–13），可以得到可变精度粗糙重要性的群决策值，如表 5–4 所示。此外，在该表中，指标粗糙重要性的确定性值形式以及在下一阶段中根据式（5–28）~式（5–31）计算得到的加权函数值也一并列出。从表中可看出，区位评估指标具有不同的相对重要性。光照时间和政策支持为区位选择最重要的指标，它们的重要性评分均为 9.740，其次为太阳辐射度和成本指标，它们的重要性分别为 8.593 和 7.813。

表 5-3 专家提供的指标粗糙重要性（$\alpha=0.5$）

指标	专家			
	d_1	d_2	d_3	d_4
光照时间	[10.000, 10.000]	[10.000, 10.000]	[9.000, 9.000]	[10.000, 10.000]

续表

指标	专家			
	d_1	d_2	d_3	d_4
太阳辐射	[7.483, 8.485]	[9.487, 10.000]	[7.000, 7.483]	[8.485, 9.487]
地形地貌	[7.000, 7.000]	[6.000, 6.000]	[6.000, 6.000]	[7.000, 7.000]
地理条件	[5.000, 5.313]	[9.000, 9.000]	[5.000, 5.313]	[5.313, 6.000]
土地类型	[7.268, 8.000]	[7.268, 8.000]	[4.000, 4.899]	[4.899, 7.268]
环境影响	[3.000, 3.873]	[3.873, 6.325]	[6.325, 8.944]	[8.944, 10.000]
项目成本	[5.000, 5.000]	[8.963, 10.000]	[8.000, 8.963]	[8.485, 9.487]
政策支持	[9.000, 9.000]	[10.000, 10.000]	[10.000, 10.000]	[10.000, 10.000]
公众支持	[2.000, 2.000]	[6.000, 6.604]	[6.000, 6.604]	[6.604, 8.000]
对本地经济的影响	[5.000, 5.313]	[5.313, 6.000]	[5.000, 5.313]	[8.000, 8.000]

表 5-4 不同形式的指标权重（$\alpha = 0.5$）

指标	粗糙数形式	确定值形式	风险收益的加权函数值	风险损失的加权函数值
光照时间	[9.740, 9.740]	9.740	1.000	1.000
太阳辐射	[8.058, 8.810]	8.593	0.689	0.753
地形地貌	[6.481, 6.481]	6.481	0.512	0.563
地理条件	[5.880, 6.249]	5.987	0.482	0.528
土地类型	[5.672, 6.909]	6.112	0.489	0.536
环境影响	[5.063, 6.842]	5.627	0.462	0.503
项目成本	[7.427, 8.075]	7.813	0.609	0.671
政策支持	[9.740, 9.740]	9.740	1.000	1.000
公众支持	[4.670, 5.140]	4.709	0.412	0.444
对经济的影响	[5.710, 6.067]	5.802	0.471	0.515

第二阶段使用扩展的 TOPSIS 方法计算光伏发电厂备选区位的优先顺序。仍以可变精度 $\alpha = 0.5$ 为例，表 5-5 展示了专家对光伏电站备选区位在不同指标下表现的原始打分。考虑到决策过程中模糊和不精确的信息，根据式（5-14）~式（5-19），所有专家的确定评分转换为可变精度的粗糙

群评估。为了使不同的指标度量具有可比性，可通过式（5–20）将粗糙区间都归一化为区间 [0,1] 的数值，具体见表 5–6。在该实例中，所有的指标都为收益类指标，意味着分数越高，备选区位表现越好。根据式（5–21）和式（5–22），可识别出选址在每个指标下的正理想解（PIS）和负理想解（NIS）（见表 5–7）。基于此，根据式（5–23）和式（5–24），获得每个指标下的光伏电厂备选区位的专家综合评分与 PIS 和 NIS 的距离（见表 5–8）。由模型构建阶段可知，传统的 TOPSIS 方法中一旦获得与 PIS 和 NIS 的距离即可计算贴近度系数。但是传统的方法以完全理性为基础，未考虑专家的有限理性问题，因此用前景理论改进了传统的 TOPSIS 方法。在改进的方法中，PIS 和 NIS 视为两个参考点。如果将 PIS 视为参考点，则对专家来说光伏电站备选区位会发生风险损失，损失量为与 PIS 距离的相反数；如果将 NIS 视为参考点，则对专家来说光伏电站备选区位会发生风险收益，收益量为与 NIS 距离。运用表 5–9 中的风险损失和收益加权函数值，根据式（5–33）~ 式（5–36）可获得每个备选区位的加权价值函数值，见表 5–9。最后，依据式（5–37），可计算得到每个光伏发电厂选址的贴近度系数（见表 5–10）。同样地，当可变精度参数 α 取其他值时，也可以得到粗糙群评估、加权价值函数值及贴近度系数。

表 5–5　专家提供的备选区位在每个指标下的原始打分

备选区位	专家	光照时间	太阳辐射	地形地貌	地理条件	土地类型	环境影响	项目成本	政策支持	公众支持	对经济的影响
靖边	d_1	6	6	8	5	8	5	8	8	4	2
	d_2	10	9	8	9	10	8	8	10	6	6
	d_3	10	10	5	6	6	3	9	8	7	6
	d_4	10	10	8	8	7	10	10	7	9	8

续表

备选区位	专家	光照时间	太阳辐射	地形地貌	地理条件	土地类型	环境影响	项目成本	政策支持	公众支持	对经济的影响
宁阳	d_1	5	5	8	8	8	8	5	5	5	2
	d_2	9	9	9	9	9	8	6	6	6	6
	d_3	10	10	5	6	6	3	6	9	7	6
	d_4	10	10	7	7	9	10	8	8	8	9
七里镇	d_1	9	9	7	7	7	4	7	4	4	4
	d_2	9	9	8	9	9	8	8	9	6	6
	d_3	9	10	6	5	5	3	8	10	7	9
	d_4	9	10	9	7	8	10	10	7	6	8
甲龙沟	d_1	9	9	9	9	5	4	7	4	4	2
	d_2	10	10	9	9	9	8	8	9	6	6
	d_3	10	10	6	5	4	3	8	10	7	9
	d_4	10	10	8	8	7	10	10	7	10	9

表 5-6 光伏电站备选区位的规范化粗糙群决策矩阵（$\alpha=0.5$）

指标	区位			
	靖边	宁阳	七里镇	甲龙沟
光照时间	[0.904, 0.904]	[0.826, 0.856]	[0.924, 0.924]	[1.000, 1.000]
太阳辐射	[0.865, 0.896]	[0.826, 0.856]	[0.974, 0.974]	[1.000, 1.000]
地形地貌	[0.883, 0.883]	[0.804, 0.962]	[0.875, 0.969]	[0.961, 1.000]
地理条件	[0.812, 0.941]	[0.904, 1.000]	[0.796, 0.969]	[0.948, 0.986]
土地类型	[0.849, 1.000]	[0.937, 0.975]	[0.784, 0.938]	[0.652, 0.798]
环境影响	[0.737, 0.996]	[0.928, 1.000]	[0.760, 0.864]	[0.760, 0.864]
项目成本	[0.994, 1.000]	[0.695, 0.739]	[0.931, 0.973]	[0.931, 0.973]
政策支持	[0.956, 1.000]	[0.757, 0.877]	[0.736, 0.968]	[0.736, 0.968]
公众支持	[0.762, 0.933]	[0.816, 0.918]	[0.743, 0.782]	[0.742, 1.000]
对本地经济的影响	[0.654, 0.720]	[0.661, 0.757]	[0.816, 1.000]	[0.731, 0.837]

表 5-7　每个指标下的备选区位评估 PIS 和 NIS（$\alpha = 0.5$）

指标	PIS	NIS
光照时间	[1.000, 1.000]	[0.826, 0.856]
太阳辐射	[1.000, 1.000]	[0.826, 0.856]
地形地貌	[0.962, 1.000]	[0.804, 0.883]
地理条件	[0.948,1.000]	[0.796, 0.941]
土地类型	[0.937, 1.000]	[0.652, 0.798]
环境影响	[0.928, 1.000]	[0.737, 0.864]
项目成本	[0.994, 0.423]	[0.695, 0.739]
政策支持	[0.956, 1.000]	[0.736, 0.877]
公众支持	[0.816, 1.000]	[0.742, 0.782]
对本地经济的影响	[0.816, 1.000]	[0.654, 0.720]

表 5-8　每个指标下区位评估与 PIS 和 NIS 的距离

指标	与 PIS 的距离				与 NIS 的距离			
	靖边	宁阳	七里镇	甲龙沟	靖边	宁阳	七里镇	甲龙沟
光照时间	0.136	0.226	0.107	0.000	0.091	0.042	0.119	0.226
太阳辐射	0.171	0.226	0.037	0.000	0.070	0.042	0.189	0.226
地形地貌	0.140	0.196	0.125	0.054	0.079	0.176	0.164	0.211
地理条件	0.188	0.109	0.205	0.064	0.193	0.207	0.225	0.190
土地类型	0.163	0.073	0.216	0.375	0.352	0.352	0.286	0.207
环境影响	0.272	0.101	0.248	0.248	0.288	0.271	0.164	0.164
项目成本	0.009	0.398	0.072	0.072	0.398	0.062	0.338	0.338
政策支持	0.062	0.255	0.264	0.264	0.275	0.185	0.271	0.271
公众支持	0.265	0.210	0.260	0.317	0.193	0.180	0.056	0.262
对经济的影响	0.359	0.344	0.260	0.269	0.093	0.118	0.359	0.183

表 5-9　每个区位的加权期望函数值（$\alpha = 0.5$）

	靖边	宁阳	七里镇	甲龙沟
风险损失的加权期望函数值	−2.849	−3.861	−3.056	−2.621
风险收益的加权期望函数值	1.452	1.118	1.579	1.698

表 5-10 不同方法下光伏发电厂区位的贴近度系数及排名

不同的方法			靖边	宁阳	七里镇	甲龙沟
Rough_PT TOPSIS（本书提出的方法）	$\alpha=1$	c_i	0.345	0.296	0.340	0.354
		排名	2	4	3	1
	$\alpha=0.5$	c_i	0.338	0.225	0.341	0.393
		排名	3	4	2	1
	$\alpha=0$	c_i	0.338	0.142	0.302	0.384
		排名	2	4	3	1
Rough TOPSIS 排名		c_i	0.522	0.480	0.511	0.518
		1	4	3	2	
Fuzzy_PT TOPSIS 排名		c_i	0.575	0.526	0.570	0.580
		2	4	3	1	
传统 TOPSIS 排名		c_i	0.442	0.484	0.681	0.340
		3	2	1	4	

5.4.3 敏感性分析

为了检验不同的可变精度参数对光伏发电厂区位最终排序的影响，我们进行了敏感性分析。如图 5-2 所示，无论可变精度 α 的值为多少，甲龙沟和宁阳都分别是最好和最差的光伏发电厂建设区位。这意味着本书所提方法的有效性。此外，当可变精度参数 α 的值分别为 0.5、0.6 和 0.7 时，七里镇和靖边县的区位排名分别为第二和第三。然而，当专家认知模糊度 α 在 [0,0.5] 和 [0.7,1] 变化时，即 $\alpha>0.7$ 或 $\alpha<0.5$，七里镇和靖边县的区位排名则分别为第三和第二。

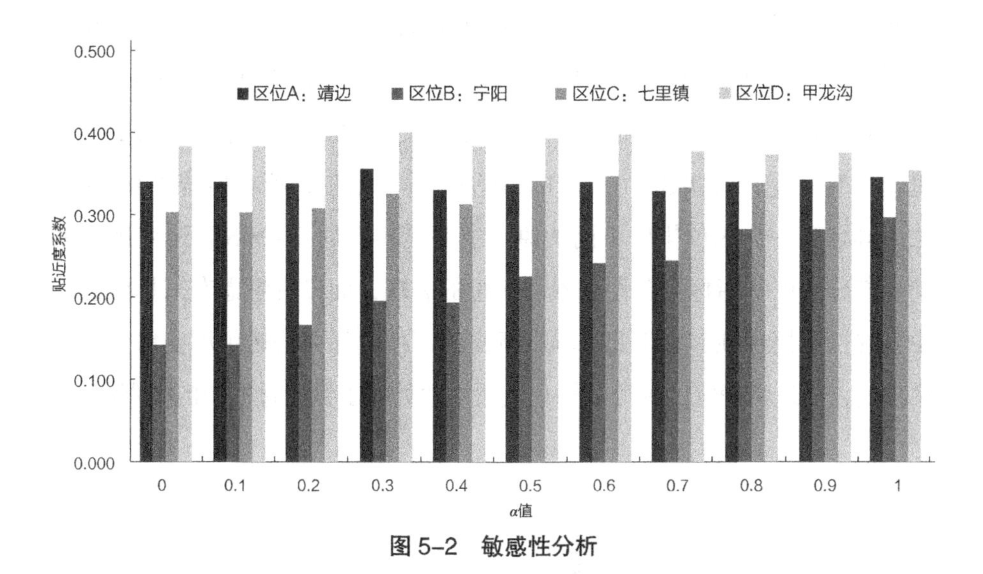

图 5-2 敏感性分析

5.5 模型先进性分析

首先，与以往的光伏发电厂区位选择模型相比，本章提出的选择模型考虑了当地的社会类指标，这些指标往往在以往的光伏发电厂选址研究中被忽略。鉴于此，本章构建了综合的区位指标评估体系，包括资源类指标、经济类指标、环境类指标和社会类指标，确保模型能够全面考察备选发电厂区位的各个方面，为项目决策者提供合理的选择模型。

此外，为了验证该模型的技术先进性，将本书提出的方法（Rough_PT TOPSIS）与其他方法作比较。传统 TOPSIS 方法、基于模糊前景理论的 TOPSIS 方法（Fuzzy_PT TOPSIS）和粗糙 TOPSIS 方法（Rough TOPSIS）也运用到相同的案例中，从而得到不同方法下的光伏发电厂区位排名。为了便于比较分析，比较过程中仅列出了可变精度 α 为 0、0.5 和 1 时的区位选择方法结果。不同方法产生的光伏发电厂区位排名结果见表 5-10 和图 5-3。在下文中，所提方法与其他方法进行了一一比较来验证其技术先进性。

第一，将区位选择模型与传统 TOPSIS 方法的排序结果进行了比较。

以可变精度 $\alpha = 1$ 为例，即 Rough_PT TOPSIS（$\alpha = 1$）。从图 5-3 中可以看出，这两种方法的排名顺序是不同的。例如，甲龙沟在 Rough_PT TOPSIS（$\alpha = 1$）方法中排名第一，而在传统 TOPSIS 方法中排名第四。七里镇在 Rough_PT TOPSIS（$\alpha = 1$）方法中排名第三，而在传统 TOPSIS 方法中排名第一。区位排序不同的原因主要是传统的 TOPSIS 方法使用专家确定打分来评估指标重要性和不同区位的表现，而没有考虑专家打分过程中主观性和模糊性。鉴于此，本书所提的区位选择方法运用可变精度粗糙集理论，通过将确定的评分数转化成粗糙数处理了判断过程中的模糊性。

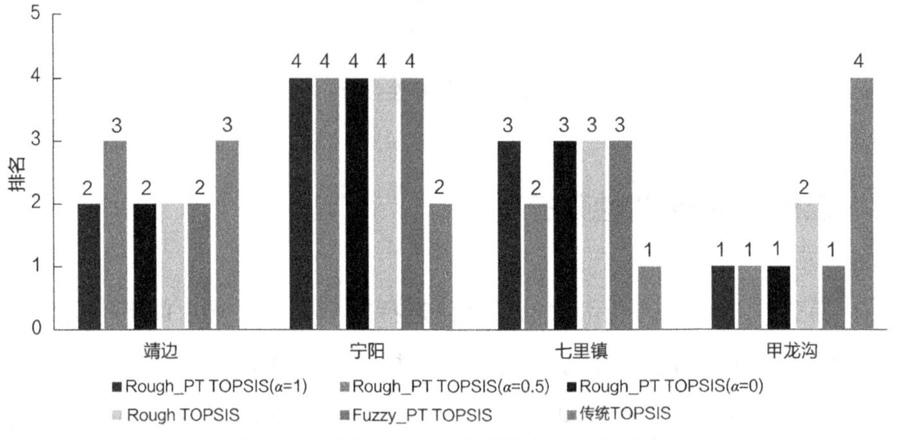

图 5-3 不同方法下的光伏发电厂区位排名

第二，将区位选择模型与 Fuzzy_PT TOPSIS 方法的排序结果进行了比较。从图 5-3 可知，当可变精度 α 为 1 和 0 时，Rough_PT TOPSIS 方法产生的区位排名顺序与 Fuzzy_PT TOPSIS 方法的结果相同。然而在 $\alpha = 0.5$ 时，两种方法产生的区位排名顺序不同。例如，靖边县在基于粗糙前景理论 TOPSIS 方法中排名为第三，在基于模糊前景理论 TOPSIS 方法中排名第二。造成排名差异的原因之一为粗糙集理论和模糊集理论在决策过程中处理专家主观性的机制不同。粗糙集理论可以在没有大量先验信息的情况下灵活而准确地处理专家的主观性；而模糊集理论需要事先定义的隶属度函数，而隶属度函数的确定也需要专家的主观判断。例如，专家对靖边县光伏发电厂建设在指标“环境影响”下的可能表现评估，原始打分分别为 3、5、8 和 10。通过粗糙集理论和模糊集理论的处理，如图 5–4 所示，原始的确定打分分别转化成粗糙区间 [3，5.886]，[3.873，7.368]，[4.932，8.944] 和 [5.886，10]，以及模糊区间 [2，4]，[4，6]，[7，9] 和 [9，11]。我们发现，不同机制处理下的区间间距是不一样的。四名专家的可变精度粗糙集评估的边界间隔分别为 2.886、3.495、4.012 和 4.114；而模糊评估的边界间隔都是一样的，恒等于 2。此外，另一个重要原因是，本书提出的方法考虑了专家的认知模糊性，用可变精度 α 来表示。这比基于模糊的 TOPSIS 方法更为通用和灵活。粗糙集理论中，专家判断的下近似和上近似由可变精度 α 和所有专家的判断向量确定。α 的值越大，上近似和下近似的集合边界距离越大。例如，由于 α 的不同，粗糙区间 [3，3]，[3，3.873] 和 [3，5.886] 的间隔分别为 0、0.873 和 2.886（见图 5–4）。因此，所提方法中的可变精度 α 可以更广泛和有效地表达专家的认知模糊度。

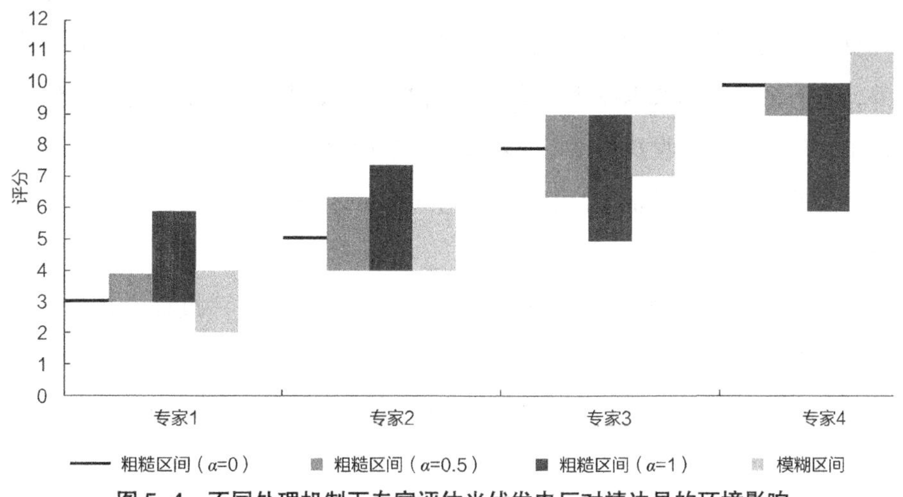

图 5–4　不同处理机制下专家评估光伏发电厂对靖边县的环境影响

第三，将本书提出的光伏发电区位选择方法与粗糙 TOPSIS 方法进行了结果比较。仍以可变精度参数 $\alpha=1$ 为例。根据图 5–3，宁阳县和七里镇在这两种方法中的排名均分别为第四和第三。然而，其他两个区位的排名却不同。例如，在基于粗糙前景理论 TOPSIS（$\alpha=1$）方法中，靖边县排名第二，而它在粗糙 TOPSIS 方法中排名为第一。两种方法产生了不同的区位排名，主要原因是前景理论对 TOPSIS 方法进行了改进。在本书改进的方法中考虑了专家的有限理性；区位优势通过相对于参考点的损益变化来评估；同时考虑专家的动态风险态度，即对收益和损失的不同风险态度。但是，粗糙 TOPSIS 方法认为专家是完全理性的；区位的优势按未来财富水平衡量；同一位专家的风险态度是静态的。图 5-5 展示了两种方法中贴近度系数计算基础的差异。在粗糙 TOPSIS 方法中，每个指标（如光照时间）下的光伏电厂区位综合表现评分与 PIS 和 NIS 的距离（图 5-5 中 s_{i1}^{+} 和 s_{i1}^{-}，$i=1, 2, \cdots, 4$）是计算贴近度系数的基础。在本书提出的方法中，将 PIS 和 NIS 视为参考点。当将 PIS 视为参考点时，对专家来说所有区位都会发生风险损失（见图中左下区域的曲线）。类似的，当将 NIS 视为参考点时，对专家来说所有区位都会产生风险收益（请参见深色区域的曲线）。相对于参考点的风险损失和风险收益的前景函数值为所提方法中计算贴近度系数的基础（参见图 5-5 中的 v_{i1}^{+} 和 v_{i1}^{-}，$i=1, 2, \cdots, 4$）。此外，左下区域中曲线斜率大于右上区域中的曲线斜率，这是因为在前景理论中，与获得同等收益相比专家对损失更加敏感。

总的来说，与其他方法相比，本书提出的光伏发电厂区位选择模型具有如下特点。

（1）该方法在光伏区位评估指标权重确定和区位排序过程中有效地运用可变精度粗糙集理论来处理主观性和模糊性。与 Fuzzy-TOPSIS 方法不同，它不需要太多先验信息，如预设隶属度函数形式或数据分布，从而提高了决策的效率和灵活性。

（2）该方法通过定义可变精度参数，扩展传统粗糙集理论来灵活地处理专家判断的主观性。模糊程度的大小由专家认知不确定性的大小和所有专家的判断集决定。可变精度粗糙数可以更灵活地挖掘专家不确定性，从而为项目决策者提供更为合理的光伏发电厂区位选择优先顺序。

（3）该方法运用前景理论来处理专家的有限理性。在实际决策中，专家并不完全理性，决策行为通常会偏离他们的期望。提议的方法考虑了专家的心理因素及在决策过程中对参考点（即 PIS 和 NIS）的得失的不同风险态度。

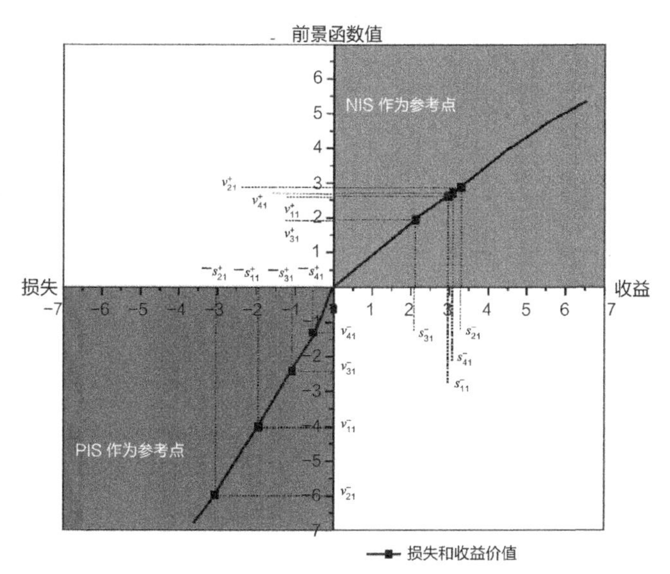

图 5–5 “光照时间”指标下备选区位的风险收益和风险损失的前景函数价值（$\alpha = 1$）

5.6 本章小结

本章提出了一种新的光伏发电厂区位选择框架。该框架建立了全面的区位指标评估体系，同时构建了扩展型 TOPSIS 方法来评估备选区位。该区位评估方法融合了传统 TOPSIS 方法、可变精度粗糙数和前景理论的优势，在有效评估区位的同时灵活处理了专家判断的模糊性和主观性，以及在实际决策中专家的风险态度。此外，为了验证有效性，该方法应用在了一个 10 兆瓦的光伏电站选址真实案例中。本章构建的区位选择模型主要贡献有：资源类指标、经济类指标、环境类指标和社会类指标确保了光伏发电厂选址的综合和全面评估；可变精度粗糙数灵活地解决了专家的主观性和模糊性，准确地识别不同认知模糊环境下的偏好变化；前景理论有效地考虑了现实中专家的有限理性，反映了专家对待收益和损失不同的风险态度。

6 光伏发电项目建设期组件供应商选择决策研究

6.1 引言

在光伏发电项目建设期，光伏组件供应商选择是关键一环，组件的技术性能和质量优劣关系着光伏发电系统的太阳能转换效率和电能产出。以往对组件供应商的选择往往依赖其成本、产品质量、技术性能、供应响应速度等指标。随着全球可持续发展的呼声越来越高，以及来自政府、股东、用户等利益相关者的环保压力，如何在生产经营管理中平衡经济利益和可持续发展已成为光伏企业的关键问题。可持续供应链管理（SSCM）是一种有效的管理模式，它同时考虑了经济、环境和社会绩效，正逐渐成为光伏企业的战略重点。SSCM 包含许多实践，如可持续产品设计、可持续供应商选择和评估、可持续生产、可持续运输等。其中，光伏组件供应商选择是至关重要的组成部分，因为组件供应商位于供应链的上游，其经济、环境和社会绩效将对下游产生重大影响。因此，选择可持续组件供应商对于光伏企业的可持续发展前景至关重要。

可持续的光伏组件供应商选择可以看作多属性决策的过程。本章构建了可持续光伏供应商评估框架，不同于以往的绩效和实践类指标同时存在，该框架仅将 SSCM 实践作为供应商评估指标。同时，决策中存在着不确定的决策信息，类似的，本章同样使用可变精度粗糙集理论解决专家主观性和模糊性问题。不同于第 5 章中集成所有专家评估使用几何平均算子，本章将运用有序加权平均算子集成不同评估打分；此外，专家有限理性的解决运用 TODIM 方法，减少了模型改进过程引起的无法人为知晓的偏差。本章的具体研究路线如图 6-1 所示。

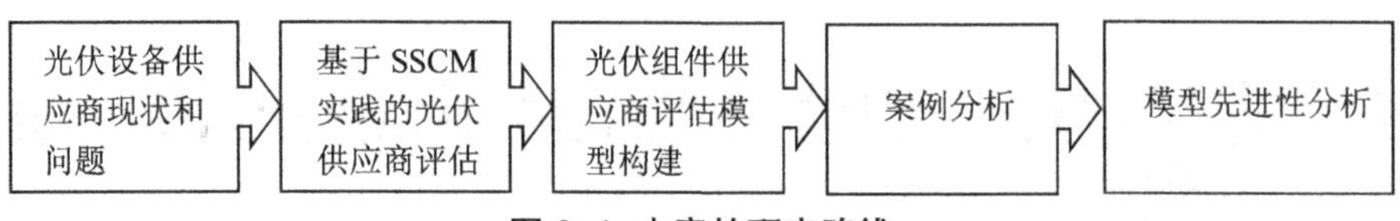

图 6-1 本章的研究路线

6.2 我国光伏设备供应商现状、问题及评估的必要性

按照供应链管理的概念，从产业链的方向来看，上游企业向下游企业提供原材料、半成品和服务等，下游企业再向它的下游企业提供原材料、半成品和产成品等物质。在每一个供应链环节上，为下游企业提供物质的上游企业被称为供应商，购买上游企业的原材料和半成品的下游企业被称为采购方。在每个节点的企业都是其上游企业的用户，同时也是其下游企业的供应商。

供应商管理指企业优化和提升与供应商关系的管理机制。通过与不同供应商的选择和合作，企业与在质量、价格、服务等方面综合实力较强的供应商达成长期合作关系。同时，供应商管理也实行优胜劣汰的机制，企业定期评估、筛选和淘汰供应商，保证供应商提供的原材料和半成品等的质量、价格等都是优秀的。随着近年低碳、绿色、环保等概念的提出，绿色产品和服务越来越受到用户的青睐。企业开始要求供应商提供的原材料和半成品是绿色低碳的。因此，在评估供应商时，企业不仅着眼于供应商提供的产品的质量、价格、售后服务等，而且也关注企业生产产品的环境效益。供应商管理和评估的关键问题为供应商评估指标体系的理论研究[135]和供应商筛选方法论研究。

6.2.1 光伏发电项目供应商现状

光伏发电项目供应链在光伏产业链的基础上构成。光伏发电项目供应链至少由硅原料供应商、零部件制造商、组件生产商和光伏发电企业等组成。硅原料供应商将原材料通过物流提供给零部件制造商，经过硅原料加工和磨片后，再将制成品提供给组件生产商，组件生产商将制成的光伏组件交给光伏发电企业。光伏发电项目供应链从原材料硅开始，经过加工、制造、组装等流程和工序，最终到达光伏发电企业。光伏发电项目产业链和供应链如图 6–2 所示。

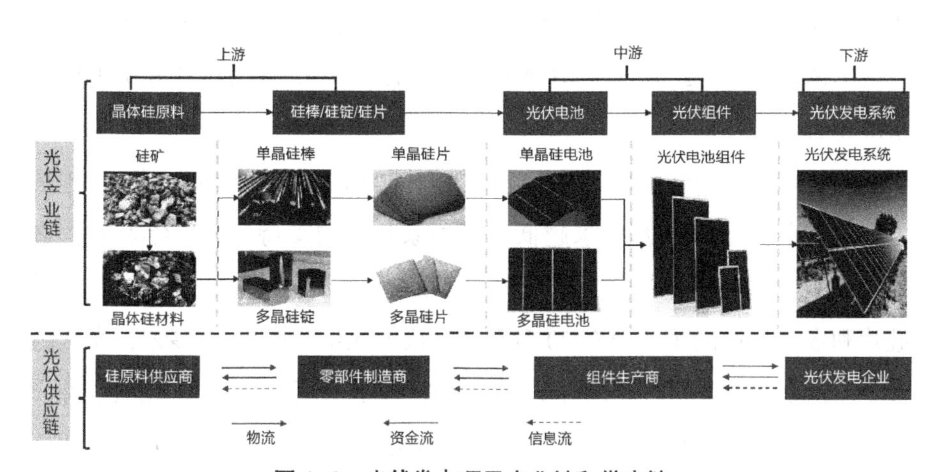

图 6–2　光伏发电项目产业链和供应链

在光伏供应链中，晶硅材料的提纯技术要求最高，随着供应链越往下，技术门槛越低。早年我国技术水平较低，我国多晶硅主要依赖进口。随着我国多晶硅提纯技术的不断进步，其与世界先进水平的差距越来越小。太阳能电池是光伏组件的重要组成部分。1958 年，我国开始对太阳能电池进行研究开发，成功研制出第一片晶体硅太阳能电池。最初研制成功的太阳能电池仅用于空间领域。到 1975 年，我国宁波市和开封市模仿早期空间太阳能电池的生产工艺，建立了太阳能电池厂，这标志着我国太阳能电池从空间应用走向地面应用。20 世纪 80 年代到 90 年代，我国积极引进国外先进的太阳能电池制造技术，并消化、吸收和创新技术。太阳能电池生产虽然在我国各地展开，但进展十分缓慢，电池产能从几百千瓦增加到4.5兆瓦。1998年，我国政府开始关注和重视光伏发电对西部地区用电难的缓解。天威英利新能源公司看到光伏行业发展的契机，迎难争取到了我国第一个3兆瓦多晶硅电池及其应用示范项目。2001—2002年，无锡尚德太阳能有限公司建立了10兆瓦的太阳能电池生产线并成功投产，这标志着我国与国际光伏产业差距减少了15年。2005年，该公司在纽约证券交易所上市，标志着我国太阳能电池进入研发和生产的快车道。2008年，江西赛维LDK太阳能高科技有限公司生产的太阳能电池产能达到1000兆瓦，成为世界上第一家进入吉瓦产能的光伏企业。我国太阳能电池和组件生产发展迅速，2003—2007年年均增长率为191.3%[136]，成为全球光伏组件产量最高的国家。

太阳能电池和光伏组件位于光伏供应链的中下游，由前文可知，越是位于下游的企业对技术要求越低。受国家政策的支持，2007年左右，进入光伏行业的企业越来越多。据赛迪智库的统计数据显示，2007年单晶硅片和多晶硅锭的生产商有70多家，光伏电池生产商有50多家，光伏组件生产商多达200家。2012年，光伏行业发展出现供需失衡，光伏组件产量大于国内需求，再加上国外对光伏产品实施贸易壁垒，我国光伏行业产能过剩，企业发展举步维艰。为推动国内光伏市场供需平衡，2012年，中国政府颁布了《太阳能发电发展“十二五”规划》，明确了未来几年我国光伏装机容量目标，这为光伏市场持续发展带来信心。同时，天合光能股份有限公司、英利能源(中国)有限公司和常州亚玛顿股份有限公司研发和推出了双玻光伏组件产品，并应用于国内“光伏+”领域，如“光伏+农业大棚”“光伏+渔业”等。2014年，双玻光伏组件产品大量应用在荒地和山地的光伏发电项目中，国内市场需求的上升有力地吸收了组件剩余产能。

经过多年的发展，我国光伏行业逐步成为全球领先。以光伏组件生产商为例，经历市场跌宕起伏的洗礼和优胜劣汰，目前已形成较为稳定的组件生产商竞争格局。以组件出货量为考察指标，表 6-1 显示了 2011—2020 年全球光伏组件生产商排名。总的来看，我国光伏组件生产商在全球处于绝对领先地位。2011—2013 年，全球光伏组件生产商前十名榜单中，有 7 个是我国组件生产商；2013 年以后，入围全球前十名榜单的国外光伏组件生产商仅有韩国的韩华和美国的 First solar，其余均为中国企业。此外，从 2012 年起，组件出货量排名第一名的企业一直是中国光伏制造商。

表 6-1　2011—2020 年全球光伏组件生产商排名

排名	2011	2012	2013	2014	2015	2016	2017	2018	2019	2020
1	*First solar*	英利	英利	天合	天合	晶科	晶科	晶科	晶科	隆基乐叶
2	尚德	*First solar*	天合	英利	阿特斯	天合	天合	晶澳	晶澳	晶科
3	英利	天合	尚德	阿特斯	晶科	阿特斯	晶澳	天合	天合	晶澳
4	天合	阿特斯	*夏普*	晶澳	晶澳	晶澳	阿特斯	隆基乐叶	隆基乐叶	天合
5	阿特斯	尚德	阿特斯	晶科	*韩华*	*韩华*	*韩华*	阿特斯	阿特斯	阿特斯
6	*夏普*	*夏普*	晶科	*韩华*	*First solar*	协鑫集成	协鑫集成	*韩华*	*韩华*	*韩华*
7	*韩华*	晶澳	*First solar*	昱辉阳光	协鑫集成	*First solar*	隆基乐叶	东方日升	东方日升	东方日升
8	晶科	晶科	昱辉阳光	*First solar*	英利	英利	英利	协鑫集成	*First solar*	正泰
9	赛维LDK	*Sun-Power*	*京瓷*	尚德	尚德	隆基乐叶	*First solar*	尚德	尚德 / 正泰	*First solar*
10	*Solar World*	*韩华*	晶澳	协鑫集成	昱辉阳光	尚德	东方日升	正泰	协鑫集成	尚德

资料来源：2011—2016 年排名根据 OFweek 太阳能光伏网公布整理；2017—2019 年的排名由智新资讯提供；2020 年排名由 PV InfoLink 供需数据库提供。

注：表中斜体字代表国外组件生产商，其余正体字代表中国组件生产商。

从光伏组件生产商的全球格局来看，2011—2020 年，进入前十名的光伏组件生产商共有 18 家，进入前八名的共有 13 家，进入前五名的共有 10 家，进入前三名的共有 8 家。并且，在 2017—2019 年，全球组件出货量前三名的企业基本稳定在晶科能源（晶科）、天合光能（天合）和晶澳太阳能（晶澳）。2020 年，隆基乐叶以超过 20GW 组件出货量位居全球第一名；连续 4 年组件出货量第一的晶科在该年退居第二名，后续第三名和第四名分别是晶澳和天合。

具体到企业来看，在研究年限内，天合、First solar、晶科、阿斯特阳光电力（阿斯特）稳居全球光伏组件出货量前十名，其中晶科进步最大，从 2011 年第八名上升到 2016 年第一名，并持续保持领先地位；天合从 2011 年开始稳居全球光伏组件出货量前四名，其中 2014 年和 2015 年的组件出货量为全球第一名；阿特斯的排名较为稳健，在研究年限内出货量基本稳居全球前五名，最高排名是 2015 年全球第二名；First solar 组件出货量最高排名为 2011 年第一名，然而从 2012 年起排名开始下降，2013—2020 年组件出货量一直在全球第六名到第九名波动。晶澳光伏组件出货量从 2012 年起进入全球前十榜单，从 2013 年起排名逐年上升并常年稳定在前四名；隆基乐叶从 2016 年起进入全球前十榜单，排名上升较快，2018 年和 2019 年组件出货量为第四名，2020 年的出货量已上升到第一名。可以看出，进入前十名榜单的新光伏组件生产商较少，光伏组件市场的生产商竞争格局正趋于动态稳定。此外，韩华除了 2013 年，其余年份都进入全球前十名榜单，虽未进入过前四名榜单，但从 2014 年起排名基本维持在第五名和第六名。

6.2.2 光伏发电项目供应商存在的主要问题

与欧洲发达国家的光伏行业发展之路不同，我国光伏行业率先发展起来的是光伏制造业。从 2001 年开始，欧洲地区的国家、美国和日本等认识到气候变化对经济生产和生活带来的不利影响，纷纷采用光伏发电替代传统化石能源发电，兴起了一股光伏装机热潮。巨大的光伏设备需求促进了我国光伏制造业的发展，尤其是光伏组件生产。2012年之前，我国生产的超过95%光伏组件产品用于出口，其中又有70%以上出口到欧洲地区的国家。因此，我国光伏产品早期主要的需求市场在国外。此外，从光伏供应链源头来看，硅矿提纯晶硅原料对技术要求高，早期提纯技术由发达国家垄断，我国生产光伏电池所用的晶硅原料主要依赖进口。因而，光伏发电所用原料也来自国外。综上，早期我国光伏产业的发展模式属于原料和市场“两头在外”，即原料供给和最终需求市场都在国外。随着以欧盟和美国为首的发达国家对我国光伏产品实施多次反倾销、反补贴措施，即有名的“双反”贸易保护主义政策，我国光伏制造业受到重创。在这样的情况下，我国政府逐步颁布支持光伏发电行业发展的政策，鼓励全国各省区市根据自身资源禀赋条件、经济条件和地理条件等，开发光伏发电项目，提高国内光伏装机容量，刺激国内对光伏制造产品的需求。经过近20年的发展，我国光伏产品产量、出货量等屡创世界第一；多晶硅和单晶硅生产、太阳能电池、光伏组件、光伏逆变器等先进技术也取得了较大的进步；光伏行业呈现民营企业领军、光伏产品出口国家分散化的特点。然而，我国光伏发电项目的供应商仍存在一些问题，主要有以下方面。

6.2.2.1 技术较发达国家仍有较大差距

我国光伏行业技术与国外相比还有很大的差距，主要集中在多晶硅提纯技术和太阳能电池技术上。首先，多晶硅提纯技术长期受国外发达国家垄断。经过多年自主创新，中国在多晶硅提纯技术上有了很大的进展，但与发达国家相比，仍旧有较大的差距。根据我国光伏行业协会发布的数据显示，在N型单晶寿命规格要求下，我国自产的多晶硅料合格率为80% ~ 85%，而国外生产的多晶硅料合格率为99.1% ~ 99.5%。相比之下，我国自产的晶硅原料性能稳定性较差，这直接影响了太阳能电池的稳定性和光伏组件电能转换的效能。国产晶硅料无法满足高品质硅片生产要求。因此，国内的单晶硅片或多晶硅锭生产商更愿意从国外进口晶硅料，从而增加了生产成本。其次，太阳能电池转换效率的不断提升得益于双面技术、黑硅技术、PERC 技术的普及。然而，这些技术都由国外的企业或研究机构研发，并进行初级阶段的发展。我国光伏行业将这些技术引进后将其发扬光大。从根本上，这些技术仍是国外企业和研究机构掌握的，我国在太阳能电池技术上的研发水平还有差距。

6.2.2.2 高效太阳能电池设备制造能力不足

与一些国家相比，中国光伏发电发展起步较晚，早期的太阳能电池设备基本依赖进口。我国引入了国外先进的有关光伏制造设备和生产技术，并对其进行升级改造，经过吸收与再创新，国产部分关键设备已替代进口设备。目前，我国已基本具备太阳能电池生产设备的自给供应能力。然而，高效太阳能电池制造设备与国外仍存在差距，如高效太阳能电池的工艺、生产和研发设备。我国电池生产技术，如黑硅技术、PERC 技术及 N 性技术等，所使用的核心设备仍均从国外进口。这意味着国外一旦实施技术封锁，将严重影响我国光伏行业的高端制造能力，削弱行业整体供应链的风险承受能力。此外，设备先进程度也决定了太阳能电池的性能和电池转换效率，最终影响电池成本。

6.2.2.3 光伏产品质量良莠不齐

目前，我国排名靠前的光伏组件生产商产品质量已达到国际一流水平。还是以光伏组件制造企业为例，由表 6–1 可见，世界光伏组件生产商前十名榜单的大部分席位已由我国的光伏组件生产商占据。然而，我国光伏市场的组件生产企业众多，在企查查中输入“光伏组件”关键词查找相关企业，可搜到超过 5000 家相关企业。搜索结果不仅包括领先、规模较大且品牌力强的光伏组件生产企业，还有其他众多规模较小、品牌力不足的企业。这导致光伏市场中组件产品的质量良莠不齐。

6.2.2.4 缺少光伏发电专业人才

光伏行业作为我国新兴产业，虽然发展时间短，但受国家政策支持和激励，成长迅速。但是行业快速成长却使得光伏行业在人才引进及培养等方面的投入相对不足。在光伏发电行业快速发展的时期，高校和科研机构设置光伏专业和可再生能源专业不足，再加上人才培养周期较长，光伏行业的大部分人才来自与光伏相关的领域，如半导体行业、电子行业、电气行业、机械行业和其他相关的材料行业。而这些行业的技术人才转型到光伏行业后仍要经历一段时间的磨合。此外，国内严重缺乏高端技术研发人才。由前文可知，光伏行业上游制造所采用的高端技术长期控制在德国和日本等少数国家手中。这些国家掌握高端核心技术，获取了光伏行业整个供应链大部分的利润。我国不仅要在现有人才基础上开发高端技术，还应加强高端技术人才的培养。在当前国际经济环境、政治环境和社会环境不稳定的背景下，着重培养光伏专业人才，尤其是高端技术人才对长期持续保障我国光伏设备高质量稳定供应意义重大。

6.2.2.5 缺乏对光伏设备供应商的可持续管理

光伏组件在生产和应用过程中的能源属性是不同的。光伏组件的生产过程属于能源消耗的过程，在设备加工组装过程中，消耗水电等能源；光伏组件的应用过程则属于能源转换过程，组件在发电过程中，将太阳能收集转化形成电能[41]。当前，大部分公众对光伏行业的认识是通过与传统化石能源行业比较获得的，认为光伏行业就是绿色、清洁的，不产生任何污染物。事实上，清洁、无污染、不消耗其他能源的光伏主要集中在光伏电能生产过程。从光伏全产业链来看，上游的硅原料开采、硅片 / 硅锭加工，以及中游的光伏组件生产消耗大量资源和能源，并排放污染物和有毒物质。其中光伏组件生产过程所消耗的能源占整个光伏产业链能源消耗的95%。而我国又是光伏组件的主要生产国和出口国，光伏中上游产业污染问题在我国较为突出。随着国家对企业和企业供应链可持续发展要求的提出，越来越多的企业要求供应商的设备生产过程是绿色低碳的。然而，当前我国光伏发电企业对设备供应商的管理还停留在对其产品质量、价格、技术等方面的评估和要求，缺乏对其绿色生产管理和可持续发展的评估。

6.2.3 光伏发电项目供应商评估的必要性

与其他电站对设备的要求相似，光伏电站对设备的质量、技术性能和价格等都有较高的要求。由前文可知，电站设备质量不达标、太阳能电池转换效率低将直接影响光伏电站的寿命。由此可见，光伏设备的可靠性对光伏电站运行的重要性。此外，可持续发展要求光伏设备生产是低碳的、环保的，以及对社会有益的。光伏组件是光伏电站的主要设备，设备及时、安全、保质保量地供应对保障光伏发电项目工程顺利建设和运营至关重要。

6.2.3.1 设备质量要求高

光伏发电设备质量出现问题可能会产生多方面的影响。例如，如果光伏发电设备因质量问题停止工作，将降低电站的电能转换效率，减少组件使用寿命，从而影响发电规模。再如，因光伏发电设备质量不达标而引发故障，电站或者维修或重新采购以替换问题设备，这些增加了企业维护成本或采购成本。又如，组件质量较次产生热斑，甚至有可能引发火灾，会造成电厂重大经济损失，威胁人员人身安全。这是因为光伏发电系统不仅可以安装在空旷的地面上，还可以安装在建筑屋顶和墙面。若安装在建筑上的光伏设备因质量问题引发火灾，不仅会造成经济财产损失，还会直接威胁到建筑物内人员安全。因此，光伏发电企业必须采购质量过硬的光伏设备，降低运行期间设备故障概率，保障光伏发电站的顺利运行和相关人员的生命安全。

6.2.3.2 国外掌握设备生产的关键核心技术

目前，光伏设备生产的关键核心技术仍由国外掌握。虽然我国已建立了较为完整的光伏产业供应链，但核心生产技术的缺失将给我国光伏设备生产带来极大的风险。尤其是在贸易战背景下，发达国家一旦对我国需要引进的关键核心技术进行封锁，我国光伏设备生产和光伏电站建设进度将会受到严重影响。因此，评估设备供应商的产品技术，选择具备一定技术

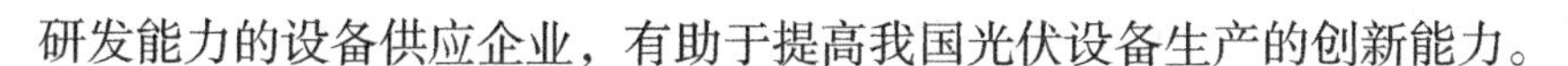

研发能力的设备供应企业，有助于提高我国光伏设备生产的创新能力。

6.2.3.3　主要设备——光伏组件能耗较大

光伏组件的生产过程会消耗大量能源，占整个光伏产业链能源消耗量的95%。在全社会对企业提出建设低碳供应链的要求下，企业必须对光伏设备生产过程的环境影响作出相应评估。如果事先未作环境评估，选择了能耗较高的光伏设备，将降低光伏发电站全供应链低碳发展水平。此外，关注供应商的社会责任也是考察其可持续发展的重要指标之一。

鉴于当前我国光伏设备供应商存在的不足，以及光伏发电站对设备质量、供应进度、环境和社会影响等的要求，光伏发电企业应采取有效的管理措施，加强与光伏设备供应商的关系，建立科学、合理、全面的供应商评估机制，确保光伏设备保质保量供应。这对我国光伏行业构建高品质全产业链、提升关键核心技术研发能力、提高制造水平和售后服务水平、降低光伏发电项目建设和运行风险等具有十分重要的意义。

6.3　基于可持续供应链管理实践的光伏组件供应商评估

光伏组件生产商是光伏发电项目最直接的上游供应商，该设备经过组装和排列将直接应用在发电站，是电站主体。因此，本书在光伏发电项目建设阶段将对光伏组件供应商进行评估。首先，构建光伏组件供应商的评估指标体系。在可持续发展的理念下，光伏企业在实现利润增长的同时，还应重视企业应承担的环境和社会责任。供应商处于光伏发电项目供应链的上游，采购那些已实施可持续供应链管理的供应商的光伏组件，有助于提升企业的可持续发展水平。在2.2.3节已分析出利用实践类指标来评估和选择供应商更加简单便捷，可帮助项目管理人员迅速关注到目标供应商，对光伏组件供应商的早期开发非常重要。然而，目前基于实践类指标体系的供应商评估研究还较为缺乏，将可持续供应链管理实践作为供应商评估指标的研究更是少之又少。选择那些已采用可持续供应链管理实践的光伏组件供应商，可为其他企业树立标杆，引导其他企业实施可持续供应链管理实践，进一步提升整个光伏供应链的经济、环境和社会效益。因此，本书将以可持续供应链管理实践作为评估光伏组件供应商的指标。

可持续供应链管理是光伏企业实现可持续发展的有效工具。在传统供应链管理的基础上，可持续供应链管理通过设计和优化供应链管理实践，提升供应链的经济、环境和社会效益，来促进企业长期可持续发展[137]。苏沃林（Seuring）和穆勒（Müller）认为可持续供应链管理是企业以可持续的方式和方法管理企业原材料、信息、资本及与其他利益相关者的关系，从而改善企业的经济、环境和社会效益[138]。可持续供应链管理与绿色供应链管理不同，后者的基本目标是将所有工业废弃物限制在工业系统内部，减少有害物质的产生[70]。目前，学术界和产业界已研究或实施了一系列绿色供应链管理实践/策略/举措，包括绿色设计、绿色采购、绿色制造、绿色运输和逆向物流等[139-141]。而仅关注供应链中的环境问题是不够的，应同时考虑经济和社会多方面。可持续供应链管理则将研究维度同时扩展到经济、环境和社会维度，是绿色供应链管理的扩展[142]。

可持续供应链管理实践包括企业的内部和外部管理实践，这些具体实践应从可持续发展的三个维度提出和实施。以往研究中，仅有少数学者探究了可持续供应链管理实践的构成。例如，伊斯法博迪（Esfahbodi）等将可持续供应链管理实践分为四种类型，包括可持续采购、可持续生产、可持续分配和逆向物流[143]。保拉杰（Paulraj）等在伊斯法博迪等研究基础上，识别了更多的可持续供应链管理实践，如可持续产品设计、可持续过程设计和需求方可持续性协作等[144]。达斯（Das）将可持续供应链管理实践分为四个模块，即环境管理实践、社会包容性实践、运营实践和供应链整合，该分类基本涵盖了可持续发展的三个维度[145]。米姆奇克（Miemczyk）和卢奇尼（Luzzini）则在环境类实践和社会类实践基础上，将风险评估类实践也涵盖进可持续供应链管理实践中[146]。巴尔加斯（Vargas）等主要关注的是可持续供应链管理实践的环境和社会方面[147]。

此外，以上研究都检验了可持续供应链管理实践与企业绩效之间的关系。它们都证明具有高度道德义务（即保护环境和提升社会价值）的企业更具有竞争优势，企业绩效往往表现较好。不同于以往的研究，本章通过回顾以往对供应链管理实践、绿色供应链管理实践和可持续供应链管理实践的研究[69,139,140,148-155]，从传统的可持续发展三个维度（即经济、环境和社会）出发，对可持续供应链管理实践进行总结、归纳和分类，具体见表6-2。

表6-2　可持续供应链管理实践（供应商评估指标）

分类	编码	实践 / 做法	实践 / 做法解释
经济类	C_1	降低成本	该实践指一系列旨在减少各种成本（即固定或初始成本、生产成本、分销成本等）的措施和行动，如建立成本管理系统，采用新技术和新设备，减少停工损失和报废损失等
	C_2	提升产品质量	该实践指企业采取措施提高产品质量，如建立质量可追溯体系，遵守行业质量标准，执行ISO国际质量认证体系等
	C_3	及时交付	该实践指企业通过寻求各种方法和手段在正确的时间交付产品，如加速产品设计到生产制造的转换，标准化程序和材料的设计和生产，改善库存周转率，安排合理有效的生产计划，优化生产流程和组织等
	C_4	提高供应灵活性	该实践指由于生产进度、需求和预测准确性的波动，企业需要提高其供应灵活性，如提高供应商的响应能力，与供应商和客户建立长期关系，将客户的需求传达给供应商，详尽的供应商选择过程、库存缓冲区等
环境类	C_5	产品的绿色设计	该实践指生态化设计的实施，指设计减少整个产品生命周期各阶段对环境的不良影响，如设计减少能耗的产品，材料的回收和再利用，避免使用危险产品等
	C_6	绿色采购	该实践指确保采购的产品可重复使用、可回收利用和无害等一系列措施，如根据环境标准评估供应商，购买环保原材料，对供应商进行环境审核，供应商的环境管理体系等
	C_7	绿色生产	该实践指改善制造工艺以减少对空气、土壤和水的污染，如使用更清洁的技术，减少传统能源的消耗；采用精益制造，减少废气排放和废物的措施等
	C_8	对绿色发展的内部管理支持	该实践指高层管理人员对实施绿色发展的决定，如任务说明、环境奖励制度、环境评估系统、高层管理人员为激励供应商和客户的可持续发展所做的努力等

续表

分类	编码	实践 / 做法	实践 / 做法解释
环境类	C_9	绿色物流	该实践指产品以可持续的方式在整个供应链转移，如使用环保的运输和分销，逆向物流（即部件或产品的再制造、回收和再利用）等
社会类	C_{10}	提供安全健康的工作环境	该实践指企业通过各种方式为员工提供安全健康的工作条件，如安全生产管理、健康和安全教育培训等
	C_{11}	员工权益的保护	该实践指为员工的职业发展提供各种机会，如工作机会、灵活的工作安排、无性别歧视、培训和教育等
	C_{12}	人权规章和承诺	该实践指企业对国际劳工用工标准、政策的承诺
	C_{13}	慈善和社区活动	该实践指企业对社会的宣传和支持计划，如捐赠和其他自愿活动
	C_{14}	公平贸易和反腐败行动	该实践指企业自由和公平地为客户提供产品和服务，可自由和公正地选择供应商，并且拒绝供应商的贿赂

6.4 光伏组件供应商评估模型构建

在光伏组件供应商可持续性评估指标体系构建基础上，还需开发合适的评估模型，协助光伏发电项目管理人员选择技术先进、质量上乘、价格便宜、具备环境和社会责任的光伏组件供应商。备选光伏组件供应商在多个指标下的综合绩效评估问题可视为多属性决策问题，故采用多属性决策方法对光伏组件供应商进行评价。此外，考虑到决策人员对光伏组件供应商评估过程中所使用语言的不精确性、主观性，以及决策者的有限理性等，集成改进的粗糙集理论（即可变精度粗糙集理论）和基于前景理论的 TODIM 方法，来开发光伏组件供应商评估模型。具体包括两个阶段：第一阶段以可持续供应链管理实践作为评估指标的权重计算；第二阶段对备选的光伏组件供应商进行评价和排序。模型具体的计算步骤在后文进行详细介绍。

6.4.1　权重计算和确定

第一步，识别并评估每个指标的重要性。

指标重要性评估按照专家小组打分的形式。光伏发电项目管理人员邀请多名来自领域内的专家识别和判断可评价光伏组件供应商的指标，然后所有专家根据自身的专业知识和工作经验，使用 1 ~ 7 的分值来评估指标重要性。指标分数越高，说明该指标对光伏组件供应商的可持续评估越重要。所有专家对指标重要性的原始评分如式（6–1）所示：

$$C_j=(C_j^1,C_j^2,\cdots,C_j^k,\cdots,C_j^l) \tag{6–1}$$

其中，$C_j\left(j=1,2,\cdots,n\right)$ 为所有专家对第 j 个评估指标重要性的原始判断集合。该判断集合的距离可定义为 $d=\max_k C_j^k-\min_k C_j^k$。$C_j^k$ 为第 k 个专家 $E_k\left(k=1,2,\cdots,l\right)$ 对第 j 个指标的原始判断。n 为指标数量，l 为专家数量。

第二步，指标重要性的原始评估值转换为粗糙评估值。

根据第 5 章中对粗糙集理论的描述，可以将专家给出的确定的指标重要性分值转化为粗糙数形式，从而更为灵活地处理原始判断的主观性和模糊性。此外，由于经验和知识背景的有限性，专家在评估过程中存在一定的认知模糊，与第 5 章相同，用可变精度参数 $\alpha\in[0,1]$ 表示认知模糊度。因而，指标重要性的确定分值转换为可变精度粗糙数形式。具体转换步骤如下所示：

$$\underline{\mathrm{Apr}}^{\alpha}\left(C_j^k\right)=\cup\left\{C_j^e\in C_j\middle|C_j^e\leqslant C_j^k,\left(C_j^k-C_j^e\right)\leqslant\alpha d\right\}=\cup\left\{C_j^e\in C_j\middle|C_j^k-\alpha d\leqslant C_j^e\leqslant C_j^k\right\} \tag{6–2}$$

$$\overline{\mathrm{Apr}}^{\alpha}\left(C_j^k\right)=\cup\left\{C_j^e\in C_j\middle|C_j^e\geqslant C_j^k,\left(C_j^k-C_j^e\right)\leqslant\alpha d\right\}=\cup\left\{C_j^e\in C_j\middle|C_j^k\leqslant C_j^e\leqslant C_j^k+\alpha d\right\} \tag{6–3}$$

其中，C_j^e 为判断集中的任意对象之一；$\underline{\mathrm{Apr}}^{\alpha}\left(C_j^k\right)$ 和 $\overline{\mathrm{Apr}}^{\alpha}\left(C_j^k\right)$ 分别为 C_j^k 的下近似和上近似。

在大多数基于粗糙集理论的方法中，粗糙数的下限和上限往往通过算术平均算子或几何平均算子计算获得。然而这两种算子容易受到极端值的影响。在指标判断集中，若某个专家给出与其他专家相比差值较大的分值（即极端值），那么集成后的平均分数很容易偏大或者偏小于真实值。在本章，我们将使用由亚格（Yager）提出的有序加权平均（ordered weighted averaging，OWA）算子来集成上近似集合和下近似集合中的所有元素，从而计算粗糙数的上限和下限[156]。OWA 算子可以降低极高值和极低值对结果的影响[157]。因此，可通过如下公式计算 C_j^k 的粗糙区间的下限和上限。

$$\begin{aligned} C_j^{kL} &= \mathrm{OWA}_{\omega}\left(C_j^{e_1}, C_j^{e_2}, \cdots, C_j^{e_p}\right) \middle| C_j^{e_d} \in \underline{\mathrm{Apr}}^{\alpha}\left(C_j^k\right); \quad d = 1,2,\cdots,p \\ &= \omega_1 C_j^{e_{o(1)}} + \omega_2 C_j^{e_{o(2)}} + \cdots + \omega_d C_j^{e_{o(d)}} + \cdots + \omega_p C_j^{e_{o(p)}} \end{aligned} \tag{6-4}$$

$$\begin{aligned} C_j^{kU} &= \mathrm{OWA}_{\omega}\left(C_j^{e_1}, C_j^{e_2}, \cdots, C_j^{e_q}\right) \middle| C_j^{e_d} \in \overline{\mathrm{Apr}}^{\alpha}\left(C_j^k\right); \quad d = 1,2,\cdots,q \\ &= \omega_1 C_j^{e_{o(1)}} + \omega_2 C_j^{e_{o(2)}} + \cdots + \omega_d C_j^{e_{o(d)}} + \cdots + \omega_q C_j^{e_{o(q)}} \end{aligned} \tag{6-5}$$

其中，C_j^{kL} 和 C_j^{kU} 分别为 C_j^k 的可变精度粗糙数形式的下限和上限；p 和 q 分别为下近似集合 $\underline{\mathrm{Apr}}^{\alpha}\left(C_j^k\right)$ 和上近似集合 $\overline{\mathrm{Apr}}^{\alpha}\left(C_j^k\right)$ 中的元素数量。$\left\{o(1), o(2), \cdots, o(p)\right\}$ 中的元素是对集合 $\{1,2,\cdots,p\}$ 中元素的重新排列；而 $\left\{o(1), o(2), \cdots, o(q)\right\}$ 中的元素是对集合 $\{1,2,\cdots,q\}$ 中元素的重新排列。此外，对所有的 d（$d = 2, 3, \cdots, p$ 或 $d = 2, 3, \cdots, q$），都有 $C_j^{e_{o(d-1)}} \geqslant C_j^{e_{o(d)}}$。$\omega_d$ 为相应的 OWA 算子权重，满足 $\omega_d \geqslant 0$ 及 $\sum \omega_d = 1$。重新排列判断集元素是有序加权平均算子的计算基础。权重向量与判断不相关，而是与判断的有序位置相关。本书使用了由徐（Xu）开发的基于正态分布方法确定的有序加权平均位置权重。在该方法中，过高或过低的判断值都将分配非常低的权重，而越接近中间位置的判断值，权重越大。

因此，C_j^k（$k = 1, 2, \cdots, l$）指标重要性的可变精度粗糙数形式表示为

$$\mathrm{VPRN}^{\alpha}\left(C_j^k\right) = \left[C_j^{kL}, C_j^{kU}\right] \tag{6-6}$$

然后，可以将所有专家对指标重要性的原始判断集转换为粗糙判断集，如下所示：

$$\begin{aligned}\mathrm{VPR}^{\alpha}\left(C_j\right)&=\left\{\mathrm{VPRN}^{\alpha}\left(C_j^1\right),\mathrm{VPRN}^{\alpha}\left(C_j^2\right),\cdots,\mathrm{VPRN}^{\alpha}\left(C_j^l\right)\right\}\\&=\left\{\left[C_j^{1\mathrm{L}},C_j^{1\mathrm{U}}\right],\left[C_j^{2\mathrm{L}},C_j^{2\mathrm{U}}\right],\cdots,\left[C_j^{l\mathrm{L}},C_j^{l\mathrm{U}}\right]\right\}\end{aligned} \tag{6–7}$$

为了获得指标重要性在所有专家中的平均评估，需要集成每个专家对指标重要性的粗糙判断。本书提出了粗糙有序加权平均（rough ordered weighted averaging，ROWA）算子。ROWA 以粗糙数的排序规则和运算法则为基础，运算法则已在式（5–8）~ 式（5–10）中详细列出，以下主要介绍排序规则。

$\mathrm{VPRN}_1=[\mathrm{LM}_1,\mathrm{UM}_1]$ 和 $\mathrm{VPRN}_2=[\mathrm{LM}_2,\mathrm{UM}_2]$ 是两个粗糙数。这两个粗糙数的排序规则[37]如下。

（1）如果一个粗糙数的边界不受另一个粗糙数的边界严格限制，也就是，如果 $\mathrm{UM}_1>\mathrm{UM}_2$ 且 $\mathrm{LM}_1\geqslant\mathrm{LM}_2$ 或 $\mathrm{UM}_1\geqslant\mathrm{UM}_2$ 且 $\mathrm{LM}_1>\mathrm{LM}_2$，那么 $\mathrm{VPRN}_1>\mathrm{VPRN}_2$。

（2）如果 $\mathrm{UM}_1=\mathrm{UM}_2$ 和 $\mathrm{LM}_1=\mathrm{LM}_2$，那么 $\mathrm{VPRN}_1=\mathrm{VPRN}_2$。

（3）如果一个粗糙数的边界被另一个粗糙数的边界严格限制，则通过两个粗糙数的平均值来比较粗糙数的大小。假设 M_1 和 M_2 分别为 VPRN_1 和 VPRN_2 的平均值。如果 $\mathrm{UM}_1>\mathrm{UM}_2$ 且 $\mathrm{LM}_1<\mathrm{LM}_2$，在此情形下，仅通过比较边界无法比较两个粗糙数的大小。计算两个粗糙数的平均值，如果 $M_1\leqslant M_2$，则 $\mathrm{VPRN}_1\leqslant\mathrm{VPRN}_2$；如果 $M_1>M_2$，则 $\mathrm{VPRN}_1>\mathrm{VPRN}_2$。同样地，如果 $\mathrm{UM}_1<\mathrm{UM}_2$ 且 $\mathrm{LM}_1>\mathrm{LM}_2$，在此情形下，如果 $M_1\leqslant M_2$，则 $\mathrm{VPRN}_1\leqslant\mathrm{VPRN}_2$；如果 $M_1>M_2$，则 $\mathrm{VPRN}_1>\mathrm{VPRN}_2$。

在粗糙数的排序规则和运算法则的基础下，集成所有 l 个专家粗糙评估的 ROWA 算子如下所示：

$$\mathrm{ROW}_{\omega}\left(\mathrm{VPRN}^{\alpha}\left(C_j^1\right),\mathrm{VPRN}^{\alpha}\left(C_j^2\right),\cdots,\mathrm{VPRN}^{\alpha}\left(C_j^l\right)\right)=\sum_{k=1}^{l}\omega_k\mathrm{VPRN}^{\alpha}\left(C_j^{o(k)}\right)=\left[C_j^{\mathrm{L}},C_j^{\mathrm{U}}\right] \tag{6-8}$$

其中，$\left\{o(1),o(2),\cdots,o(l)\right\}$ 中的元素是对集合 $\{1,2,\cdots,l\}$ 中元素的重新排列，且对于 $k=2,3,\cdots,l$，有 $\mathrm{VPRN}^{\alpha}\left(C_j^{o(k-1)}\right)\geqslant\mathrm{VPRN}^{\alpha}\left(C_j^{o(k)}\right)$。$\omega_k$ 为相应的 ROWA 算子位置权重，满足 $\omega_k\in[0,1]$ 且 $\sum\omega_d=1$。C_j^{L} 和 C_j^{U} 分别为第 j

个指标的群粗糙重要性的下界和上界。群粗糙重要性可以表示为

$$\overline{\mathrm{VPRN}^{\alpha}\left(C_j\right)}=\left[C_j^{\mathrm{L}},C_j^{\mathrm{U}}\right] \tag{6-9}$$

第三步，计算每个指标的权重。

确定每个指标的群粗糙重要性之后，可计算出群粗糙重要性的归一化形式。

$$\mathrm{rw}_j=\left[C_j^{\mathrm{L}'},C_j^{\mathrm{U}'}\right]=\left[\frac{C_j^{\mathrm{L}}-\min_j\left(C_j^{\mathrm{L}}\right)}{\max_j\left(C_j^{\mathrm{U}}\right)-\min_j\left(C_j^{\mathrm{L}}\right)},\frac{C_j^{\mathrm{U}}-\min_j\left(C_j^{\mathrm{L}}\right)}{\max_j\left(C_j^{\mathrm{U}}\right)-\min_j\left(C_j^{\mathrm{L}}\right)}\right] \tag{6-10}$$

其中，rw_j 为 C_j 的粗糙权重。$C_j^{\mathrm{L}'}$ 和 $C_j^{\mathrm{U}'}$ 分别为 C_j^{L} 和 C_j^{U} 的归一化形式。$\min_j\left(C_j^{\mathrm{L}}\right)$ 为所有指标群粗糙重要性的下限值中的最小值，$\max_j\left(C_j^{\mathrm{U}}\right)$ 为所有指标群粗糙重要性的上限值中的最大值。

6.4.2 光伏组件供应商可持续发展水平排序

获得光伏组件供应商的评估指标权重后，需运用恰当的方法对备选光伏组件供应商的可持续发展水平进行评估并排序。与以往研究运用完全理性选择模型（如 TOPSIS 方法、AHP 方法、ANP 方法等）不同，本节将开发基于可变精度粗糙集理论的 TODIM 方法对供应商进行排名。可变精度粗糙集理论的应用已在第 5 章作过详细介绍。TODIM 方法不同于以往的理性选择方法，该方法以前景理论为基础，是基于专家有限理性的行为决策模型。与前景理论的核心思想相同，该方法的优势在于：①相对于参考点的损失和收益作出决策；②决策者在评估过程中的风险态度不是固定的，面对亏损时，是风险偏好的，面对收益时，则表现出厌恶情绪；③在决策过程中，决策者面临损失比获得收益更加敏感。因此，本节开发的改进 TODIM 方法不仅可以处理模糊和主观信息，还考虑了人们的有限理性。基于此，光伏组件供应商可持续发展水平的排序方法具体步骤如下。

第一步，建立粗糙群决策矩阵。

假设有 m 个光伏组件供应商 A_i（$i=1,2,\cdots,m$），n 个评估指标 C_j（$j=1,2,\cdots,n$）。项目管理者共邀请 l 个专家 E_k（$k=1,2,\cdots,l$）使用 1 ~ 7 的分

值对每个指标下的光伏组件供应商表现进行评价。根据以上说明，可以获得每个专家给出的确定值形式的决策矩阵：

$$\boldsymbol{D}^k = \begin{matrix} A_1 \\ A_2 \\ \vdots \\ A_m \end{matrix}\begin{bmatrix} x_{11}^k & x_{12}^k & \cdots & x_{1n}^k \\ x_{21}^k & x_{22}^k & \cdots & x_{2n}^k \\ \vdots & \vdots & \ddots & \vdots \\ x_{m1}^k & x_{m2}^k & \cdots & x_{mn}^k \end{bmatrix} \tag{6-11}$$

其中，$\boldsymbol{D}^k$ 为第 k 个专家提供的对所有光伏组件供应商在 n 个指标下的表现进行评估的原始判断矩阵；x_{ij}^k 为专家 E_k 对光伏组件供应商 A_i 在指标 C_j 下的表现进行的打分。同样的，按照 6.4.1 节中指标重要性确定值形式转换成可变精度粗糙数形式的方法，即式（6–2）~式（6–7），可将确定值形式的专家评估矩阵转换为可变精度粗糙评估矩阵。例如，x_{ij}^k 的可变精度粗糙评估表示为

$$\mathrm{VPRN}^{\alpha}\left(x_{ij}^k\right)=\left[x_{ij}^{k\mathrm{L}},x_{ij}^{k\mathrm{U}}\right] \tag{6-12}$$

其中，$\mathrm{VPRN}^{\alpha}\left(x_{ij}^k\right)$ 为 x_{ij}^k 的粗糙区间评估；$x_{ij}^{k\mathrm{L}}$ 和 $x_{ij}^{k\mathrm{U}}$ 分别为该粗糙区间的下界和上界。然后，与式（6–8）和式（6–9）的计算相同，可获得 x_{ij}^k 的所有专家的平均可变精度粗糙评估。

$$\overline{\mathrm{VPRN}^{\alpha}\left(x_{ij}^k\right)}=\sum_{k=1}^{l}\omega_k \mathrm{VPRN}^{\alpha}\left(x_{ij}^k\right)=\left[x_{ij}^{\mathrm{L}},x_{ij}^{\mathrm{U}}\right] \tag{6-13}$$

其中，$\overline{\mathrm{VPRN}^{\alpha}\left(x_{ij}^k\right)}$ 为 x_{ij}^k 的群可变精度粗糙评估；x_{ij}^{L} 和 x_{ij}^{U} 分别为其区间的下界和上界。因而，式（6–11）的可变精度粗糙群决策矩阵表示为

$$\mathbf{VPRD}^{\alpha}= \begin{matrix} A_1 \\ A_2 \\ \vdots \\ A_m \end{matrix}\begin{bmatrix} \left[x_{11}^{\mathrm{L}},x_{11}^{\mathrm{U}}\right] & \left[x_{12}^{\mathrm{L}},x_{12}^{\mathrm{U}}\right] & \cdots & \left[x_{1n}^{\mathrm{L}},x_{1n}^{\mathrm{U}}\right] \\ \left[x_{21}^{\mathrm{L}},x_{21}^{\mathrm{U}}\right] & \left[x_{22}^{\mathrm{L}},x_{22}^{\mathrm{U}}\right] & \cdots & \left[x_{2n}^{\mathrm{L}},x_{2n}^{\mathrm{U}}\right] \\ \vdots & \vdots & \ddots & \vdots \\ \left[x_{mn}^{\mathrm{L}},x_{mn}^{\mathrm{U}}\right] & \left[x_{mn}^{\mathrm{L}},x_{mn}^{\mathrm{U}}\right] & \cdots & \left[x_{mn}^{\mathrm{L}},x_{mn}^{\mathrm{U}}\right] \end{bmatrix} \tag{6-14}$$

其中，$\mathbf{VPRD}^{\alpha}$ 为群粗糙决策矩阵，是可变精度 α 下，由每个专家提供的确定值形式的原始决策矩阵 $\boldsymbol{D}^k$（$k=1,2,\cdots,l$）集合而成。

第二步，计算相对权重。

在该步及后续计算步骤中，必须使用确定的指标权重。式（6–10）中

的粗糙权重需转化为确定值。由于式（6–10）已是归一化后的粗糙权重，因此按照第5章中的转换式（5–30）和式（5–31），可将粗糙权重 $\text{rw}_j=\left[C_j^{L'},C_j^{U'}\right](j=1,2,\cdots,n)$ 转换为确定值 $\tilde{C}_j(j=1,2,\cdots,n)$。接着，确定值权重可进一步归一化为

$$w_j=\tilde{C}_j/\sum_{j=1}^{n}\tilde{C}_j \tag{6–15}$$

其中，w_j 为第 j 个指标的权重，满足 $\sum_{j=1}^{n}w_j$。

TODIM 方法本质上是在某个参考指标下，对任意两个替代方案的结果差异进行预测。因此，项目管理者在计算两个供应商之间的优势度之前须选择参考指标。一般而言，权重值 $w_j(j=1,2,\cdots,n)$ 最大的指标为参考指标，从而所有两两供应商间的结果差可转换到同一维度。相对于参考指标，指标的相对权重可通过式（6–16）计算得到：

$$w_{jr}=w_j/w_r;\quad j=1,2,\cdots,n \tag{6–16}$$

其中，$w_r=\max\left\{w_j\middle|j=1,2,\cdots,n\right\}$。

第三步，计算每个指标下两两光伏组件供应商之间的优势度。

由上文可知，TODIM 方法的基本思想源自前景理论，通过运用其效用函数计算每个光伏组件供应商相对于其他光伏组件供应商的优势度。该方法考虑了专家的有限理性，并以参考点为视角衡量不确定环境下的损失和收益。该优势度为两两光伏组件供应商之间“单一指标”下的优势度。在获得每个指标下的两两光伏组件供应商优势度之后，可将某个光伏组件供应商相对于其他光伏组件供应商的所有“单一指标”优势度值相加，从而得到两两光伏组件供应商的全局优势度。在本步中，将计算一个光伏组件供应商相对于另一光伏组件供应商的“单一指标”优势度。在计算优势度之前，根据6.4.1节中关于可变精度粗糙数的排序规则，对可变精度粗糙群决策矩阵中的评估值两两比较，并计算它们之间的距离。以可变精度粗糙评估值 $\overline{\text{VPRN}^{\alpha}(x_{ij})}=\left[x_{ij}^{L},x_{ij}^{U}\right]$ 和 $\overline{\text{VPRN}^{\alpha}(x_{hj})}=\left[x_{hj}^{L},x_{hj}^{U}\right]$ 为例，下标 i 和 h 表示第 i 个和第 h 个光伏组件供应商。那么，$\overline{\text{VPRN}^{\alpha}(x_{ij})}$ 与 $\overline{\text{VPRN}^{\alpha}(x_{hj})}$ 间的距离为

$$s_{ih}^{j}=\sqrt{\left(x_{ij}^{\mathrm{L}}-x_{hj}^{\mathrm{U}}\right)^{2}+\left(x_{ij}^{\mathrm{U}}-x_{hj}^{\mathrm{L}}\right)^{2}} \tag{6-17}$$

其中，s_{ih}^{j} 为指标 C_j 下两个可变精度粗糙群评估的距离。因此，在每个指标下两个光伏组件供应商之间的优势度可按式（6–18）获得。

$$\varphi_j(A_i,A_h)=\begin{cases}\sqrt{\dfrac{w_{jr}}{\Sigma_{j=1}^{n}w_{jr}}\times s_{ih}^{j}} & \text{如果 } \overline{\mathrm{VPRN}^{\alpha}\left(x_{ij}\right)}>\overline{\mathrm{VPRN}^{\alpha}\left(x_{hj}\right)} \\ 0 & \text{如果 } \overline{\mathrm{VPRN}^{\alpha}\left(x_{ij}\right)}=\overline{\mathrm{VPRN}^{\alpha}\left(x_{hj}\right)} \\ -\dfrac{1}{\theta}\sqrt{\dfrac{\Sigma_{j=1}^{n}w_{jr}}{w_{jr}}\times s_{ih}^{j}} & \text{如果 } \overline{\mathrm{VPRN}^{\alpha}\left(x_{ij}\right)}<\overline{\mathrm{VPRN}^{\alpha}\left(x_{hj}\right)}\end{cases} \tag{6-18}$$

其中，A_i 和 A_h 分别为第 i 个和第 h 个光伏组件供应商。$\varphi_j\left(A_i,A_h\right)$ 为第 j 个指标下光伏组件供应商 A_i 相较于光伏组件供应商 A_h 的优势度。$\theta>0$ 为损耗的衰减因子，θ 值越小，代表损耗规避度越大。此外，$\overline{\mathrm{VPRN}^{\alpha}\left(x_{ij}\right)}>\overline{\mathrm{VPRN}^{\alpha}\left(x_{hj}\right)}$ 为在指标 C_j 下光伏组件供应商 A_i 相对于光伏组件供应商 A_h 的收益；而 $\overline{\mathrm{VPRN}^{\alpha}\left(x_{ij}\right)}<\overline{\mathrm{VPRN}^{\alpha}\left(x_{hj}\right)}$ 为在指标 C_j 下光伏组件供应商 A_i 相对于光伏组件供应商 A_h 的损失。

第四步，计算两两光伏组件供应商间的全局优势度。

通过将所有指标下的“单一指标”优势度相加，可得光伏组件供应商 A_i 相对于光伏组件供应商 A_h 的全局优势度 $\delta\left(A_i,A_h\right)$，计算公式见式（6–19）:

$$\delta\left(A_i,A_h\right)=\sum_{j=1}^{n}\varphi_j\left(A_i,A_h\right) \tag{6-19}$$

第五步，计算每个光伏组件供应商的全局值。

为了对光伏组件供应商的可持续发展水平进行排序，可通过式（6–20）计算光伏组件供应商 A_i 的全局值：

$$\xi_i=\frac{\sum_{h=1}^{m}\delta\left(A_i,A_h\right)-\min_i\sum_{h=1}^{m}\delta\left(A_i,A_h\right)}{\max_i\sum_{h=1}^{m}\delta\left(A_i,A_h\right)-\min_i\sum_{h=1}^{m}\delta\left(A_i,A_h\right)} \tag{6-20}$$

其中，$\xi_i\left(i=1,2,\cdots,m\right)$ 为光伏组件供应商 A_i 的全局值。全局值越大，

说明第 i 个光伏组件供应商的可持续供应链管理越好，可持续发展水平越高。根据每个光伏组件供应商的全局价值，可选出最佳可持续发展水平的光伏组件供应商。

6.5 案例分析

6.5.1 案例背景

本案例将以我国一家国有能源公司为对象，该公司主要业务为开发一次能源、生产和供应电力等。为了减少化石燃料发电对环境和人类造成的危害，该公司近年来已开展了电力供应结构改革，积极开发可再生能源发电以优化电力发电和供应结构。太阳能是可再生能源的一种，比传统的化石燃料更清洁、更丰富、更安全。该公司可再生能源开发计划之一为实施光伏发电项目。同时，这家公司非常重视供应商管理，将企业可持续发展要求纳入采购流程，严格评估供应商的产品质量、供应响应、环境和社会责任等，以促进光伏供应链的可持续发展。光伏电站的主要发电设备——光伏组件，其制造过程中会排放废水和废气，项目管理人员在采购组件时必须考察备选供应商是否采取措施控制其排放。此外，光伏组件制造对社会也会产生一定的正面影响，例如，组件厂商可以为当地创造就业机会，提高居民收入水平，增加地方政府财政收入，改善民生；同时组件制造也会产生一定的负面影响，例如，若对组件生产过程不加以控制，产生的有毒物质容易对工作人员的身体健康造成危害。同时，我国环境和能效标准还不完善，由我国制造的光伏组件的总体碳足迹和能耗仍高于欧洲制造的光伏组件[158]。进一步来说，从光伏组件上游来看，目前我国市场上大部分光伏组件由多晶硅制成。多晶硅的开采和生产过程往往也伴随着污染物的排放，消耗大量的水资源和能源。由此可见，光伏发电项目的整个上游过程均伴随着资源消耗和环境污染问题。为了进一步提升光伏发电项目的环境和社会影响力，该公司认识到仅关注光伏发电过程是不够的，还必须将视角扩展到光伏发电项目整个供应链涉及的环境和社会问题。在采购过程中，对组件供应商进行可持续发展评价是改善光伏供应链可持续发展的重要一环。该措施可逆向倒逼组件供应商在提高产品质量和供应响应速度的同时，采取绿色供应链管理实践，严格管控组件生产过程中的污染排放，进而提升企业的环境和社会效益。

在这种情况下，这家公司的光伏发电项目经理期望建立一种可行的评估方法，通过考察组件供应商是否采用可持续供应链管理实践来评估它们的可持续发展水平。经过项目组采购部门的初步筛选，四家光伏组件生产商被识别为项目候选供应商，即天合光能有限公司（供应商 A_1），协鑫新能源控股有限公司（供应商 A_2），英利绿色能源控股有限公司（供应商 A_3），晶澳太阳能有限公司（供应商 A_4）。然后，项目组组建了专家决策小组。该专家小组包括十名成员，其中三名来自高校或研究机构，他们在供应链管理方面拥有超过 10 年的学术研究经验；其他专家来自这家公司内部：其中四位来自采购部门，三位来自项目部门，他们在光伏领域都至少有 5 年的工作经验。这些专家具备足够的工作资历和专业背景为各个管理实践流程和组件供应商表现给出评估和判断。专家组成员将在识别可持续供应链管理实践的基础上，独立评估各管理实践（即指标）的相对重要性，以及备选供应商各个管理实践的表现。

6.5.2 计算基于 SSCM 实践的指标权重

第一步，专家识别和评估每个指标的重要性。

专家小组成员集中在一起，讨论运用可持续供应链管理实践对评估光伏组件供应商可持续发展水平的重要性和必要性。他们认为 14 个指标较为全面地涵盖了可持续供应链管理实践，可综合用来评价光伏组件供应商是否采取有力的措施提升其可持续发展水平。然后，运用 1 ~ 7 分值对每个可持续供应链管理实践下光伏组件供应商选择的重要性进行打分（见表 6–3），从而说明专家依据其自身知识背景和工作经验作出的对每个指标重要性的偏好。

表 6-3　专家对可持续供应链管理实践重要性的评分

实践/指标	专家									
	E_1	E_2	E_3	E_4	E_5	E_6	E_7	E_8	E_9	E_{10}
C_1	7	4	5	7	6	6	6	5	7	3
C_2	7	6	5	6	6	5	6	5	7	4
C_3	6	6	5	4	7	4	5	5	5	3
C_4	6	5	5	4	5	4	5	5	3	3
C_5	4	7	6	7	7	7	5	7	7	6
C_6	4	5	6	6	6	5	6	7	5	5
C_7	4	5	6	5	5	5	6	7	6	7
C_8	5	7	7	6	5	6	6	7	7	5
C_9	4	3	6	5	4	5	5	7	5	6
C_{10}	3	6	4	6	6	5	5	5	7	6
C_{11}	2	6	3	5	6	5	5	4	7	2
C_{12}	2	4	2	4	5	4	4	4	7	1
C_{13}	2	3	2	3	3	2	4	4	4	4
C_{14}	2	7	3	5	5	4	4	5	5	4

第二步，将确定值形式的指标重要性评估转换为粗糙重要性评估。

考虑到专家判断过程中的主观性和模糊性，为了表示这些信息，将表6-3中的指标重要性打分转换为粗糙区间。以指标“绿色物流”C_9为例，十位专家分别对该指标的重要性给出评分，分别为4、3、6、5、4、5、5、7、5、6。那么，指标C_9重要性的专家判断集为$C_9=(C_9^1, C_9^2,\cdots,C_9^{10})=(4,3,6,5,4,5,5,7,5,6)$。可变精度$\alpha$赋值为0、0.5和1。文中所有的OWA权重均来自徐的研究。根据式（6-2）~式（6-8），每位专家对指标C_9重要性的确定值打分转换为粗糙数形式，以及所有专家的粗糙数评估集成获得指标重要性的粗糙群决策。具体的计算过程如下所示。

（1）如果$\alpha=0$，$C_9^{1L}=C_9^{1U}=4$；$C_9^{2L}=C_9^{2U}=3$；$C_9^{3L}=C_9^{3U}=6$；

$C_9^{4L}=C_9^{4U}=5$；$C_9^{5L}=C_9^{5U}=4$；$C_9^{6L}=C_9^{6U}=5$；$C_9^{7L}=C_9^{7U}=5$；$C_9^{8L}=C_9^{8U}=7$；$C_9^{9L}=C_9^{9U}=5$；$C_9^{10L}=C_9^{10U}=6$。

每位专家提供的指标重要性的粗糙区间如下所示：

$\mathrm{VPRN}^0\left(C_9^1\right)=[4,4]$；$\mathrm{VPRN}^0\left(C_9^2\right)=[3,3]$；$\mathrm{VPRN}^0\left(C_9^3\right)=[6,6]$；

$\mathrm{VPRN}^0\left(C_9^4\right)=[5,5]$；$\mathrm{VPRN}^0\left(C_9^5\right)=[4,4]$；$\mathrm{VPRN}^0\left(C_9^6\right)=[5,5]$；

$\mathrm{VPRN}^0\left(C_9^7\right)=[5,5]$；$\mathrm{VPRN}^0\left(C_9^8\right)=[7,7]$；$\mathrm{VPRN}^0\left(C_9^9\right)=[5,5]$；

$\mathrm{VPRN}^0\left(C_9^{10}\right)=[6,6]$。

然后，将上述十位专家的指标粗糙重要性评估集成，得到重要性粗糙群决策。

$[C_9^L, C_9^U]=\mathrm{ROWA}_\omega([4,4],[3,3],[6,6],[5,5],[4,4],[5,5],[5,5],[7,7],[5,5],[6,6])=0.1117\times[7,7]+0.2365\times(0.5\times[6,6]+0.5\times[6,6])+0.3036\times(0.25\times[5,5]+0.25\times[5,5]+0.25\times[5,5]+0.25\times[5,5])+0.2365\times(0.5\times[4,4]+0.5\times[4,4])+0.1117\times[3,3]=[5,5]$。

（2）如果 $\alpha=0.5$，$\alpha d=0.5\times(7-3)=2$，那么，每位专家对指标重要性的粗糙评估的上限和下限的计算过程如下：

$C_9^{1L}(7)=\mathrm{OWA}_\omega(7,6,6,5,5,5,5)=6$，$C_9^{1U}(7)=\mathrm{OWA}_\omega(7)=7$；

$C_9^{2L}(6)=C_9^{3L}(6)=\mathrm{OWA}_\omega(6,6,5,5,5,5,4,4)=5$，

$C_9^{2U}(6)=C_9^{3U}(6)=\mathrm{OWA}_\omega(7,6,6)=6.5$；

$C_9^{4L}(5)=C_9^{5L}(5)=C_9^{6L}(5)=C_9^{7L}(5)=\mathrm{OWA}_\omega(5,5,5,5,4,4,3)=4$，

$C_9^{4U}(5)=C_9^{5U}(5)=C_9^{6U}(5)=C_9^{7U}(5)=\mathrm{OWA}_\omega(7,6,6,5,5,5,5)=6$；

$C_9^{8L}(4)=C_9^{9L}(4)=\mathrm{OWA}_\omega(4,4,3)=3.5$，

$C_9^{8U}(4)=C_9^{9U}(4)=\mathrm{OWA}_\omega(6,6,5,5,5,5,4,4)=5$；

$C_9^{10L}(3)=\mathrm{OWA}_\omega(3)=3$，$C_9^{10U}(3)=\mathrm{OWA}_\omega(5,5,5,5,4,4,3)=4$。

那么，每位专家对指标重要性的粗糙打分可表示如下：

$\mathrm{VPRN}^{0.5}\left(C_9^1\right)=[6,7]$；$\mathrm{VPRN}^{0.5}\left(C_9^2\right)=\mathrm{VPRN}^{0.5}\left(C_9^3\right)=[5,6.5]$；

$\mathrm{VPRN}^{0.5}\left(C_9^4\right)=\mathrm{VPRN}^{0.5}\left(C_9^5\right)=\mathrm{VPRN}^{0.5}\left(C_9^6\right)=\mathrm{VPRN}^{0.5}\left(C_9^7\right)=[4,6]$；

$\text{VPRN}^{0.5}\left(C_9^8\right)=\text{VPRN}^{0.5}\left(C_9^9\right)=\left[3.5,5\right]$； $\text{VPRN}^{0.5}\left(C_9^{10}\right)=\left[3,4\right]$。

将所有专家的指标重要性粗糙打分进行集成，从而获得第九个指标“绿色物流”重要性的群粗糙打分。

$[C_9^L,C_9^U]=\text{ROWA}_\omega$（[6,7]，[5,6.5]，[5,6.5]，[4,6]，[4,6]，[4,6]，[4,6]，[3.5,5]，[3.5,5]，[3,4]）$=0.1117\times[6,7]+0.2365\times$（$0.5\times[5,6.5]+0.5\times[5,6.5]$）$+0.3036\times$（$0.25\times[4,6]+0.25\times[4,6]+0.25\times[4,6]+0.25\times[4,6]$）$+0.2365\times$（$0.5\times[3.5,5]+0.5\times[3.5,5]$）$+0.1117\times[3,4]=[4.23,5.77]$。

（3）如果 $\alpha=1$，$\alpha d=1\times$（7–3）$=4$，那么，每位专家对指标重要性的粗糙评估的上限和下限计算过程如下：

$C_9^{1L}\left(7\right)=\text{OWA}_\omega\left(7,6,6,5,5,5,5,4,4,3\right)=5$， $C_9^{1U}\left(7\right)=\text{OWA}_\omega\left(7\right)=7$；

$C_9^{2L}\left(6\right)=C_9^{3L}\left(6\right)=\text{OWA}_\omega\left(6,6,5,5,5,5,4,4,3\right)=4.5$，

$C_9^{2U}\left(6\right)=C_9^{3U}\left(6\right)=\text{OWA}_\omega\left(7,6,6\right)=6.5$；

$C_9^{4L}\left(5\right)=C_9^{5L}\left(5\right)=C_9^{6L}\left(5\right)=C_9^{7L}\left(5\right)=\text{OWA}_\omega\left(5,5,5,5,4,4,3\right)=4$，

$C_9^{4U}\left(5\right)=C_9^{5U}\left(5\right)=C_9^{6U}\left(5\right)=C_9^{7U}\left(5\right)=\text{OWA}_\omega\left(7,6,6,5,5,5,5\right)=6$；

$C_9^{8L}\left(4\right)=C_9^{9L}\left(4\right)=\text{OWA}_\omega\left(4,4,3\right)=3.5$，

$C_9^{8U}\left(4\right)=C_9^{9U}\left(4\right)=\text{OWA}_\omega\left(7,6,6,5,5,5,5,4,4\right)=5.5$；

$C_9^{10L}\left(3\right)=\text{OWA}_\omega\left(3\right)=3$， $C_9^{10U}\left(3\right)=\text{OWA}_\omega\left(7,6,6,5,5,5,5,4,4,3\right)=5$。

那么，每个专家对指标重要性的粗糙打分可表示如下：

$\text{VPRN}^1\left(C_9^1\right)=\left[5,7\right]$； $\text{VPRN}^1\left(C_9^2\right)=\text{VPRN}^1\left(C_9^3\right)=\left[4.5,6.5\right]$；

$\text{VPRN}^1\left(C_9^4\right)=\text{VPRN}^1\left(C_9^5\right)=\text{VPRN}^1\left(C_9^6\right)=\text{VPRN}^1\left(C_9^7\right)=\left[4,6\right]$；

$\text{VPRN}^1\left(C_9^8\right)=\text{VPRN}^1\left(C_9^9\right)=\left[3.5,5.5\right]$； $\text{VPRN}^1\left(C_9^{10}\right)=\left[3,5\right]$。

将所有专家的指标重要性粗糙打分进行集成，以获得第九个指标“绿色物流”重要性的群粗糙打分。

$[C_9^L,C_9^U]=\text{ROWA}_\omega$（[5,7]，[4.5,6.5]，[4.5,6.5]，[4,6]，[4,6]，[4,6]，[4,6]，[3.5,5.5]，[3.5,5.5]，[3,5]）$=0.1117\times[5,7]+0.2365\times$（$0.5\times[4.5,6.5]+0.5\times[4.5,6.5]$）$+0.3036\times$（$0.25\times[4,6]+0.25\times[4,6]+0.25\times[4,6]+0.25\times[4,6]$）$+0.2365\times$（$0.5\times[3.5,5.5]+0.5\times[3.5,5.5]$）$+0.1117\times[3,5]=$

[4,6]。

类似的，按照以上计算“绿色物流”指标重要性的粗糙评估打分过程，可获得其他指标重要性的粗糙评估。表 6–4 列出了可变精度 α 为 0.5 时每个指标的粗糙重要性。

第三步，计算每个指标的权重。

根据式（6–10）可获得每个指标粗糙数形式的权重。为了便于后续步骤的计算，按照式（6–15）得到每个指标的粗糙权重确定值形式（见表 6–5）。仍然以指标“绿色物流” C_9 为例，当可变精度 α 为 0.5 时，它的群粗糙重要性为 [4.230, 5.770]。那么，该指标的粗糙权重及其确定值形式如下。

（1）粗糙数形式的“绿色物流”权重：

$$\mathrm{rw}_9=\left[C_9^{\mathrm{L}'},C_9^{\mathrm{U}'}\right]=\left[\frac{C_9^{\mathrm{L}}-\min_j\left(C_J^{\mathrm{L}}\right)}{\max_j\left(C_J^{\mathrm{U}}\right)-\min_j\left(C_J^{\mathrm{L}}\right)},\frac{C_9^{\mathrm{U}}-\min_j\left(C_J^{\mathrm{L}}\right)}{\max_j\left(C_J^{\mathrm{U}}\right)-\min_j\left(C_J^{\mathrm{L}}\right)}\right]$$

$$=\left[\frac{4.23-2.62}{6.38-2.62},\frac{5.77-2.62}{6.38-2.62}\right]=[0.4281,0.8380]$$

（2）粗糙重要性的确定值形式计算过程如下：

$$\tau_9=\left[C_9^{\mathrm{L}'}\times\left(1-C_9^{\mathrm{L}'}\right)+C_9^{\mathrm{U}'}\times C_9^{\mathrm{U}'}\right]/\left(1-C_9^{\mathrm{L}'}+C_9^{\mathrm{U}'}\right)$$

$$=\left[0.4281\times(1-0.4281)+0.8380\times0.8380\right]/\left(1-0.4281+0.8380\right)=0.6716$$

$$\tilde{C}_9=\min_j C_j^{\mathrm{L}}+\tau_9\times\left(\max_j C_j^{\mathrm{U}}-\min_j C_j^{\mathrm{L}}\right)=5.1454$$

类似的，可以获得其他指标的粗糙权重和粗糙重要性确定值形式。然后，指标“绿色物流”权重的确定值形式如下：

$$w_9=\tilde{C}_9\Big/\sum_{j=1}^{14}\tilde{C}_j=0.0755$$

表 6-4 可变精度 α 为 0.5 时每个指标的粗糙重要性

实践 / 指标	专家										群粗糙重要性
	E_1	E_2	E_3	E_4	E_5	E_6	E_7	E_8	E_9	E_{10}	
C_1	[6.00, 7.00]	[6.00, 7.00]	[6.00, 7.00]	[5.00, 6.50]	[5.00, 6.50]	[5.00, 6.50]	[4.00, 6.00]	[4.00, 6.00]	[3.50, 5.00]	[3.00, 4.00]	[4.23, 5.77]
C_2	[6.50, 7.00]	[6.50, 7.00]	[5.50, 6.50]	[5.50, 6.50]	[5.50, 6.50]	[5.50, 6.50]	[4.50, 5.50]	[4.50, 5.50]	[4.50, 5.50]	[4.00, 4.50]	[5.08, 5.92]
C_3	[6.00, 7.00]	[5.00, 6.50]	[5.00, 6.50]	[4.00, 6.00]	[4.00, 6.00]	[4.00, 6.00]	[4.00, 6.00]	[3.50, 5.00]	[3.50, 5.00]	[3.00, 4.00]	[4.23, 5.77]
C_4	[5.50, 6.00]	[4.50, 5.50]	[4.50, 5.50]	[4.50, 5.50]	[4.50, 5.50]	[4.50, 5.50]	[3.50, 4.50]	[3.50, 4.50]	[3.00, 3.50]	[3.00, 3.50]	[4.08, 4.92]
C_5	[6.50, 7.00]	[6.50, 7.00]	[6.50, 7.00]	[6.50, 7.00]	[6.50, 7.00]	[6.50, 7.00]	[5.50, 6.50]	[5.50, 6.50]	[4.50, 5.50]	[4.00, 4.50]	[5.08, 5.92]
C_6	[6.50, 7.00]	[5.50, 6.50]	[5.50, 6.50]	[5.50, 6.50]	[5.50, 6.50]	[4.50, 5.50]	[4.50, 5.50]	[4.50, 5.50]	[4.50, 5.50]	[4.00, 4.50]	[5.08, 5.92]
C_7	[6.50, 7.00]	[6.50, 7.00]	[5.50, 6.50]	[5.50, 6.50]	[5.50, 6.50]	[4.50, 5.50]	[4.50, 5.50]	[4.50, 5.50]	[4.50, 5.50]	[4.00, 4.50]	[5.08, 5.92]
C_8	[6.50, 7.00]	[6.50, 7.00]	[6.50, 7.00]	[6.50, 7.00]	[5.50, 6.50]	[5.50, 6.50]	[5.50, 6.50]	[5.00, 5.50]	[5.00, 5.50]	[5.00, 5.50]	[5.62, 6.38]
C_9	[6.00, 7.00]	[5.00, 6.50]	[5.00, 6.50]	[4.00, 6.00]	[4.00, 6.00]	[4.00, 6.00]	[4.00, 6.00]	[3.50, 5.00]	[3.50, 5.00]	[3.00, 4.00]	[4.23, 5.77]
C_{10}	[6.00, 7.00]	[5.00, 6.50]	[5.00, 6.50]	[5.00, 6.50]	[5.00, 6.50]	[4.00, 6.00]	[4.00, 6.00]	[4.00, 6.00]	[3.50, 5.00]	[3.00, 4.00]	[4.23, 5.77]
C_{11}	[6.00, 7.00]	[5.00, 6.50]	[5.00, 6.50]	[4.00, 6.00]	[4.00, 6.00]	[4.00, 6.00]	[3.00, 5.00]	[2.50, 4.00]	[2.00, 3.00]	[2.00, 3.00]	[3.21, 4.78]
C_{12}	[5.24, 7.00]	[3.76, 6.00]	[2.24, 5.24]	[2.24, 5.24]	[2.24, 5.24]	[2.24, 5.24]	[2.24, 5.24]	[1.50, 3.76]	[1.50, 3.76]	[1.00, 2.24]	[2.62, 4.93]
C_{13}	[3.50, 4.00]	[3.50, 4.00]	[3.50, 4.00]	[3.50, 4.00]	[2.50, 3.50]	[2.50, 3.50]	[2.50, 3.50]	[2.00, 2.50]	[2.00, 2.50]	[2.00, 2.50]	[2.62, 3.38]
C_{14}	[6.00, 7.00]	[4.00, 6.00]	[4.00, 6.00]	[4.00, 6.00]	[4.00, 6.00]	[3.00, 4.50]	[3.00, 4.50]	[3.00, 4.50]	[2.50, 4.00]	[2.00, 3.00]	[3.34, 4.85]

表 6-5 粗糙数和确定值形式的指标权重（α = 0.5）

实践 / 指标	粗糙权重	粗糙重要性的确定值	权重确定值
C_1	[0.4281, 0.8380]	5.1454	0.0755
C_2	[0.6537, 0.8786]	5.6836	0.0834
C_3	[0.4281, 0.8380]	5.1454	0.0755
C_4	[0.3875, 0.6125]	4.5000	0.0660
C_5	[0.6537, 0.8786]	5.6836	0.0834
C_6	[0.6537, 0.8786]	5.6836	0.0834
C_7	[0.6537, 0.8786]	5.6836	0.0834
C_8	[0.7985, 1.0000]	6.2516	0.0917
C_9	[0.4281, 0.8380]	5.1454	0.0755
C_{10}	[0.4281, 0.8380]	5.1454	0.0755
C_{11}	[0.1555, 0.5754]	3.8451	0.0564
C_{12}	[0.0000, 0.6149]	3.5012	0.0514
C_{13}	[0.0000, 0.2015]	2.7484	0.0403
C_{14}	[0.1917, 0.5927]	3.9790	0.0584

6.5.3 光伏组件供应商可持续发展水平排序

本节运用改进的 TODIM 方法计算每个光伏组件供应商的优势度，从而选出具有最佳可持续发展水平的光伏组件供应商，以下数据的计算过程仍以可变精度 α 为 0.5 为例。

第一步，建立群粗糙决策矩阵。

专家根据自身的专业知识及工作经验，对每个指标下的光伏组件供应商表现作出评价和判断，见表 6-6。根据式（6-11）~ 式（6-14），将确定值形式的决策矩阵转换为可变精度粗糙数形式的决策矩阵；然后，使用 ROWA 集成算子，将十位专家对光伏组件供应商表现的粗糙评估打分集成为群粗糙决策矩阵。

表 6-6　专家对光伏组件供应商可持续发展水平的原始评价

供应商	专家	实践 / 指标													
		C_1	C_2	C_3	C_4	C_5	C_6	C_7	C_8	C_9	C_{10}	C_{11}	C_{12}	C_{13}	C_{14}
A_1	E_1	5	6	6	5	5	5	5	5	5	5	5	5	5	5
	E_2	6	5	5	4	3	3	5	3	2	5	5	2	4	3
	E_3	5	4	4	4	6	5	4	5	5	6	5	4	4	5
	E_4	6	5	4	5	6	5	5	5	5	6	5	4	4	3
	E_5	4	4	5	5	7	5	5	6	5	5	4	5	6	5
A_1	E_6	6	4	5	5	6	5	4	4	5	6	5	5	5	5
	E_7	4	5	4	5	6	7	5	5	6	5	6	6	6	6
	E_8	7	6	6	7	7	7	7	7	7	6	7	7	7	7
	E_9	6	4	5	6	4	3	5	6	6	5	4	5	3	6
	E_{10}	5	6	3	4	6	3	5	7	7	5	4	3	2	5
A_2	E_1	6	6	6	5	5	5	5	5	5	5	5	5	5	5
	E_2	7	5	5	4	4	4	6	4	4	6	5	4	4	4
	E_3	6	6	5	4	5	6	5	4	4	6	6	4	4	4
	E_4	6	5	6	4	5	4	5	4	5	4	5	4	5	4
	E_5	7	5	4	4	4	5	6	4	5	6	6	5	5	4
	E_6	6	5	6	4	4	4	6	3	4	5	5	4	4	4
	E_7	5	5	4	3	4	5	6	6	5	5	5	5	5	6
	E_8	4	6	6	5	6	5	6	6	5	6	7	7	7	5
	E_9	7	7	4	5	6	3	3	6	5	6	4	5	5	6
	E_{10}	4	5	3	2	5	6	7	6	5	5	4	4	3	5
A_3	E_1	7	5	6	5	5	5	5	5	5	5	5	5	5	5
	E_2	4	4	4	4	5	3	5	4	4	5	4	4	3	4
	E_3	4	4	7	7	5	4	5	6	6	5	5	6	6	4
	E_4	4	6	5	4	4	6	4	5	5	5	5	4	5	4

续表

供应商	专家	实践/指标													
		C_1	C_2	C_3	C_4	C_5	C_6	C_7	C_8	C_9	C_{10}	C_{11}	C_{12}	C_{13}	C_{14}
A_3	E_5	6	7	7	5	4	7	5	5	6	6	5	5	7	4
	E_6	4	6	5	3	4	6	4	4	5	5	4	4	5	4
	E_7	6	4	4	2	4	6	6	5	6	5	5	6	7	4
	E_8	6	6	6	5	5	6	6	5	7	6	7	7	7	5
	E_9	4	2	4	3	6	5	4	6	5	6	5	5	4	5
	E_{10}	7	5	4	3	5	7	6	7	5	4	5	3	4	5
A_4	E_1	5	7	7	6	6	6	6	5	5	5	5	5	5	5
	E_2	6	6	5	5	4	4	5	4	4	5	4	4	3	4
	E_3	3	5	6	6	6	6	6	5	7	4	6	5	5	6
A_4	E_4	4	5	4	5	5	4	6	5	6	5	6	4	5	4
	E_5	4	6	6	7	7	6	6	4	6	6	7	4	5	7
	E_6	4	5	4	6	5	4	6	4	6	5	6	4	4	5
	E_7	3	5	6	5	5	4	6	6	6	5	6	4	4	6
	E_8	5	5	5	6	5	5	6	6	7	6	7	5	7	7
	E_9	6	6	5	4	6	5	3	6	4	4	5	5	6	3
	E_{10}	5	4	6	4	6	7	5	3	6	7	5	3	2	5

第二步，计算指标的相对权重。

根据式（6–16），权重值最大的指标为 C_8 “对绿色发展的内部管理支持”，那么 C_8 即参考指标。所有指标相对于参考指标的相对权重为：$w_{jr}=\{0.82, 0.92,0.82,0.72,0.92,0.92,0.92,1.00,0.82,0.82,0.62,0.56,0.43,0.65\}$（$j=1,2,\cdots,14,\quad r=8$）。

第三步，获得单一指标下的两两供应商之间的优势度。

运用式（6–17）和式（6–18），计算得到每个指标下的光伏组件供应商 A_i 相对于光伏组件供应商 A_h 的优势度。通常，衰减因子 $\theta>0$ 的取值为 1，计算结果如下所示：

$$\varphi_1=\begin{bmatrix}0.00 & 0.00 & -2.74 & 0.33\\ 0.00 & 0.00 & -2.74 & 0.33\\ 0.21 & 0.21 & 0.00 & 0.38\\ -4.33 & -4.33 & -5.02 & 0.00\end{bmatrix},\varphi_2=\begin{bmatrix}0.00 & -4.12 & 0.21 & -2.92\\ 0.34 & 0.00 & 0.370 & 0.24\\ -2.56 & -4.43 & 0.00 & -3.40\\ 0.24 & -2.92 & 0.283 & 0.00\end{bmatrix},$$

$$\varphi_3=\begin{bmatrix}0.00 & 0.00 & -4.33 & -4.33\\ 0.00 & 0.00 & -4.33 & -4.33\\ 0.33 & 0.33 & 0.00 & 0.00\\ 0.33 & 0.33 & 0.00 & 0.00\end{bmatrix},\varphi_4=\begin{bmatrix}0.00 & 0.46 & 0.39 & 0.00\\ -6.12 & 0.00 & -3.57 & -6.12\\ -5.20 & 0.27 & 0.00 & -5.20\\ 0.00 & 0.46 & 0.39 & 0.00\end{bmatrix},$$

$$\varphi_5=\begin{bmatrix}0.00 & 0.00 & 0.00 & -3.38\\ 0.00 & 0.00 & 0.00 & -3.07\\ 0.00 & 0.00 & 0.00 & -3.07\\ 0.26 & 0.23 & 0.23 & 0.00\end{bmatrix},\varphi_6=\begin{bmatrix}0.00 & 0.25 & 0.00 & -3.36\\ -3.36 & 0.00 & -3.38 & -4.33\\ 0.00 & 0.26 & 0.00 & -3.38\\ 0.25 & 0.33 & 0.26 & 0.00\end{bmatrix},$$

$$\varphi_7=\begin{bmatrix}0.00 & -3.10 & 0.17 & 0.19\\ 0.23 & 0.00 & 0.22 & 0.28\\ -2.20 & -2.91 & 0.00 & 0.17\\ -2.56 & -3.65 & -2.20 & 0\end{bmatrix},\varphi_8=\begin{bmatrix}0.00 & 0.26 & -3.38 & 0.26\\ -3.38 & 0.00 & -4.33 & 0.00\\ 0.26 & 0.33 & 0.00 & 0.33\\ -3.33 & 0.00 & -4.33 & 0.00\end{bmatrix},$$

$$\varphi_9=\begin{bmatrix}0.00 & 0.31 & -2.01 & -2.01\\ -4.09 & 0.00 & -4.51 & -4.51\\ 0.15 & 0.34 & 0.00 & 0.00\\ 0.15 & 0.34 & 0.00 & 0.00\end{bmatrix},\varphi_{10}=\begin{bmatrix}0.00 & 0.26 & 0.26 & 0.00\\ -3.43 & 0.00 & 0.00 & -3.07\\ -3.43 & 0.00 & 0.00 & -3.07\\ 0.00 & 0.23 & 0.23 & 0.00\end{bmatrix},$$

$$\varphi_{11}=\begin{bmatrix}0.00 & 0.00 & 0.21 & 0.00\\ 0.00 & 0.00 & 0.21 & 0.00\\ -2.74 & -2.74 & 0.00 & -2.74\\ 0.00 & 0.00 & 0.21 & 0.00\end{bmatrix},\varphi_{12}=\begin{bmatrix}0.00 & -4.98 & -4.34 & -2.77\\ 0.38 & 0.00 & 0.26 & 0.36\\ 0.33 & -3.37 & 0.00 & 0.34\\ 0.21 & -4.72 & -4.49 & 0.00\end{bmatrix},$$

$$\varphi_{13}=\begin{bmatrix}0.00 & -3.54 & -4.34 & 0.00\\ 0.27 & 0.00 & -2.59 & 0.27\\ 0.33 & 0.20 & 0.00 & 0.33\\ 0.00 & -3.54 & -4.34 & 0.00\end{bmatrix},\varphi_{14}=\begin{bmatrix}0.00 & 0.22 & 0.34 & 0.20\\ -2.91 & 0.00 & 0.26 & 0.00\\ -4.50 & -3.43 & 0.00 & -4.15\\ -2.59 & 0.00 & 0.31 & 0.00\end{bmatrix}。$$

第四步，计算两两组件供应商之间的全局优势度。

进一步地，根据式（6–19）可获得光伏组件供应商 A_i 相较于光伏组件供应商 A_h 的全局优势度，结果如下所示：

$$\delta(A_i,A_h)=\begin{bmatrix}\delta(A_1,A_1) & \delta(A_1,A_2) & \delta(A_1,A_3) & \delta(A_1,A_4)\\ \delta(A_2,A_1) & \delta(A_2,A_2) & \delta(A_2,A_3) & \delta(A_2,A_4)\\ \delta(A_3,A_1) & \delta(A_3,A_2) & \delta(A_3,A_3) & \delta(A_3,A_4)\\ \delta(A_4,A_2) & \delta(A_4,A_2) & \delta(A_4,A_3) & \delta(A_4,A_4)\end{bmatrix}$$

$$=\begin{bmatrix}0.00 & -13.98 & -19.55 & -17.79\\ -22.06 & 0.00 & -24.13 & -23.95\\ -19.02 & -14.96 & 0.00 & -23.45\\ -11.42 & -17.24 & -18.46 & 0.00\end{bmatrix}$$

第五步，计算每个光伏组件供应商的全局价值。

最后，四个备选光伏组件供应商的可持续发展水平可通过式（6–20）计算获得。最终结果为 ξ_i（$i=1,2,3,4$）$=\{0.817,0.00,0.552,1.00\}$。很明显，当可变精度 α 为 0.5 时，第四个光伏组件供应商（A_4）的可持续发展水平最高，其次为 A_1、A_3 和 A_2。同样的，当可变精度 α 的值分别为 0 和 1 时，也可获得四个光伏组件供应商的全局价值（见表 6–7）。

表 6–7 不同方法下的光伏组件供应商的可持续发展水平排序

方法			A_1	A_2	A_3	A_4
粗糙 TODIM_OWA	$\alpha=1$	ξ_i	1.00	0.00	0.63	0.81
		排序	1	4	3	2
	$\alpha=0.5$	ξ_i	0.82	0.00	0.55	1.00
		排序	2	4	3	1
	$\alpha=0$	ξ_i	0.97	0.00	0.86	1.00
		排序	2	4	3	1
粗糙 TODIM_AVERAGE	$\alpha=1$	ξ_i	0.63	0.12	0.00	1.00
		排序	2	3	4	1
	$\alpha=0.5$	ξ_i	0.40	0.00	0.12	1.00
		排序	2	4	3	1

续表

方法			A_1	A_2	A_3	A_4
粗糙 TODIM_AVERAGE	$\alpha=0$	ξ_i	0.43	0.00	0.11	1.00
		排序	2	4	3	1
粗糙 TODIM_GEOMEAN	$\alpha=1$	ξ_i	0.38	0.08	0.00	1.00
		排序	2	3	4	1
	$\alpha=0.5$	ξ_i	0.37	0.00	0.09	1.00
		排序	2	4	3	1
	$\alpha=0$	ξ_i	0.18	0.12	0.00	1.00
		排序	2	3	4	1
粗糙 TOPSIS		贴近度系数	0.51	0.49	0.50	0.52
		排序	2	4	3	1
AHP		最终分值	0.250	0.246	0.247	0.257
		排序	2	4	3	1

6.6 模型先进性分析

为了验证本章开发的光伏组件供应商可持续评价模型的有效性和先进性，本节将所提出的方法与其他方法的结果进行比较分析和仿真分析，从而对该方法的有效性和先进性进行进一步的验证。

6.6.1 比较分析

为了证明所提方法的有效性，将其他可行的多属性决策方法运用到本案例的光伏组件供应商评价中。本书所提方法（即粗糙 TODIM_OWA）主要以可变精度粗糙集理论和 TODIM 方法为基础，解决了决策过程中的主观性、模糊性和有限理性。可变精度粗糙集理论解决专家主观性和模糊判断的优势已在第 5 章作过详细的说明和比较分析。TODIM 是本章主要应用的光伏组件供应商评估方法，可直接解决专家有限理性的问题。为了验证该方法对光伏组件供应商可持续发展水平评估的准确性，选择了其他两种对比方法，即基于粗糙数的 TOPSIS 方法（粗糙 TOPSIS）和 AHP 方法。粗糙 TOPSIS 是一种理性选择模型，在计算过程中没有考虑专家的有限理性，方案最终计算结果由贴近度系数（cci）表示。AHP 也是理性选择模型，与 TODIM 方法的计算过程有些类似，需要对不同指标下的两两光伏组件供应商评分进行比较。不同的是，TODIM 方法在两两比较的基础上考虑了专家的风险态度。此外，粗糙 TODIM_OWA 方法在集成不同专家打分时运用了 OWA 方法，与常用的算数加权算子和几何加权算子相比，不受专家极端打分值的影响。因而，对不同集成算子下的粗糙 TODIM 方法结果也进行了比较。表 6–7 揭示了不同方法下的光伏组件供应商可持续发展水平的排名顺序。可以看出，除了可变精度为 1 时的情况，组件供应商 A_1 和 A_4 在不同方法下的排序相同，分别为第二名和第一名。这证明了本章所构建的评估方法是有效的。此外，从排序结果也可看到，粗糙 TODIM_OWA 与其他方法相比，产生的光伏组件供应商可持续发展水平排序存在明显的差异。具体差异比较分析如下文所示。

首先，比较粗糙 TODIM_OWA 方法与粗糙 TOPSIS 方法间的光伏组件供应商排序差异，以可变精度 $\alpha=1$ 为例。从表 6–7 可看到，光伏组件供应商 $A4$ 在粗糙 TODIM_OWA（$\alpha=1$）方法中排名第二；而在粗糙 TOPSIS 方法中排名第一。此外，光伏组件供应商 $A1$ 在粗糙 TODIM_OWA（$\alpha=1$）方法中排名第一；然而，在粗糙 TOPSIS 方法中排名第二。排序结果产生差异的原因是 TOPSIS 方法为理性选择模型，它假设专家是完全理性的，所作的决策基于风险最小化或收益最大化。但是，该假设并不符合实际的决策过程。相比之下，TODIM 方法是基于前景理论的，假设专家的判断行为是不完全理性的。基于此，我们判断粗糙 TODIM 方法产生的光伏组件供应商可持续发展水平排名比粗糙 TOPSIS 方法产生的结果更贴近现实，更为合理。

其次，比较了粗糙 TODIM_OWA 方法与 AHP 方法间的光伏组件供应商排序差异。由于 AHP 方法以专家判断的确定值为基础，因而粗糙 TODIM_

OWA 方法以可变精度 $\alpha=0$ 为例，意味着不考虑专家判断的认知模糊。在这种情况下，粗糙数实际上是确定值。根据表 6–7，粗糙 TODIM_OWA（$\alpha=0$）中光伏组件供应商排序与 AHP 方法的光伏组件供应商排序相同。为了进一步比较这两种方法，计算了偏差度，即每个光伏组件供应商结果与排序第一的光伏组件供应商结果的偏差（见图 6–3）。很显然，AHP 方法的偏差度很小，而提出的粗糙 TODIM 方法的偏差度较大。这说明本章所开发的方法对不同光伏组件供应商可以有更高的区分度，它提高了光伏组件供应商之间的可识别性。尽管 TODIM 方法和 AHP 方法在模型构建过程中都涉及方案的成对比较，但涉及的比较在两种模型构建过程中的所处阶段不同。AHP 方法在数据收集阶段分别对指标和光伏组件供应商进行成对比较。对专家来说，AHP 方法的两两比较较为耗时且随着指标和光伏组件供应商数量的增加将损害专家判断力和判断的一致性。TODIM 方法则在模型计算阶段仅对光伏组件供应商进行成对比较，通过加入有限理性衡量供应商相对于其他供应商的损益来对供应商进行排序。此外，TODIM 方法对指标和供应商数量没有限制。因此，与 AHP 方法相比，本书提出的方法对管理人员选择光伏组件供应商更有优势。

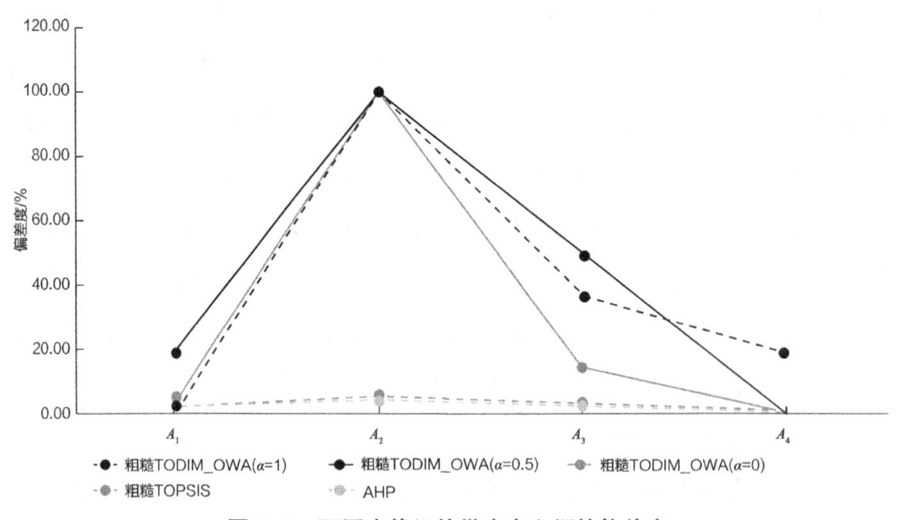

图 6–3　不同光伏组件供应商之间的偏差度

最后，比较了基于不同集成算子的粗糙 TODIM 方法所得到的光伏组件供应商排序差异。如表 6-7 所示，当可变精度 α 为 1 时，基于 OWA 的粗糙 TODIM 方法排序与基于算术平均算子的粗糙 TODIM（粗糙 TODIM_AVERAGE）方法排序，以及基于几何平均算子的粗糙 TODIM（粗糙 TODIM_GEOMEAN）方法排序不同。OWA 集成算子下的方法产生的光伏组件供应商可持续发展水平排序为 1、4、3、2；而其他两种集成算子下的方法产生的组件供应商可持续性排序为 2、3、4、1。排序结果差异产生的原因是 OWA 集成算子运用位置权重对不同专家打分赋权，并集成产生专家小组综合打分。OWA 算子对极低和极高的分值给予低权重，对中间值给予高权重，可有效避免极端值的影响。而算数平均集成算子和几何平均算子很容易受到极端值的影响。三种集成算子对极端值发生变化时的结果影响分析可见 6.6.2 节。

6.6.2 仿真分析

进一步验证所提出的光伏组件供应商评估方法的优势，对不同集成算子下的粗糙 TODIM 方法应用进行了仿真分析，仿真原始数据都是随机产生的。

为了降低专家评估中出现极低或者极高评分对光伏组件供应商最终排序的影响，在本章提出的粗糙 TODIM 方法中运用了有序加权平均集成算子（OWA）对不同专家的判断打分进行集成。与其他集成算子相比（即算术平均集成算子和几何平均集成算子），OWA 算子可有效降低专家评分中极端值的影响。本书通过计算每种算子下的平均绝对误差（mean absolute errors，MEA）来检验极端值变化对最终结果的影响，已验证不同集成算子对极端值变化的敏感性。MEA 变量量化了基于不同集成算子的粗糙 TODIM 方法产生的光伏组件供应商全局值与改变专家原始判断集中的最小分数时基于不同集成算子的粗糙 TODIM 方法产生的光伏组件供应商全局值的差值。MAE 定义为 $\mathrm{MAE}=E\left|\left(\xi_I^1-\xi_I^2\right)\right|$，其中 E 为期望值符号；ξ_I^1 为不改变

极值分数时的光伏组件供应商全局值；ξ_I^2 为改变最小分数后的全局值。

表 6–8 给出了采用不同集成算法的粗糙 TODIM 的 MAE 计算结果。可以看出，在大多数情境下，基于 OWA 算子的粗糙 TODIM 方法产生的 MAE 值等于或小于基于其他两种集成方法的粗糙 TODIM 方法产生的 MAE 值。这也很好地反映了 OWA 方法可以有效降低极值的影响。举例来说，假设有一个原始判断集 {6,5,8,7}。对于分值 8，当 $\alpha=1$ 时，其下近似值为 {8,7,6,5}。在 OWA 方法、算术平均集成方法和几何平均集成方法中，分值 8 的粗糙数下限分别为 6.5、6.5 和 6.4。若将原始判断集合中最小分值 5 改为 4，则 OWA 方法、算术平均集成方法和几何平均集成方法中，分值 8 的粗糙数下限分别变为 6.35、6.25 和 6.05。与 OWA 相比，算术平均集成算子和几何平均集成算子计算得到的结果更容易受极值的影响。因此，本书提出的基于 OWA 算子的粗糙 TODIM 方法获得的光伏组件供应商可持续发展水平排序更为稳健和可靠。

表 6–8 基于不同集成方法的粗糙 TODIM 全局值平均绝对误差

情景	可变精度 $\alpha=0$			可变精度 $\alpha=0.5$			可变精度 $\alpha=1$		
	OWA 集成算子	算数平均集成算子	几何平均集成算子	OWA 集成算子	算数平均集成算子	几何平均集成算子	OWA 集成算子	算数平均集成算子	几何平均集成算子
情景 1	0.001	0.004	0.009	0.001	0.003	0.010	0.002	0.003	0.012
情景 2	0.009	0.003	0.015	0.015	0.062	0.004	0.011	0.057	0.017
情景 3	0.006	0.004	0.007	0.006	0.005	0.008	0.006	0.004	0.009
情景 4	0.001	0.002	0.007	0.001	0.002	0.006	0.002	0.002	0.007
情景 5	0.005	0.002	0.003	0.004	0.003	0.003	0.013	0.002	0.004
情景 6	0.007	0.007	0.012	0.011	0.012	0.007	0.022	0.012	0.008
情景 7	0.009	0.003	0.007	0.021	0.005	0.008	0.008	0.005	0.009
情景 8	0.006	0.000	0.001	0.004	0.003	0.005	0.038	0.000	0.005
情景 9	0.008	0.016	0.044	0.016	0.040	0.045	0.019	0.040	0.056
情景 10	0.002	0.006	0.041	0.004	0.009	0.037	0.054	0.007	0.022

总体而言，本书构建的光伏组件供应商可持续评估方法具有更加明显的优势（见表 6-9）。

（1）可变精度粗糙 TODIM 方法整合了可变精度粗糙集理论，它在无须提供先验信息的前提下，即可解决光伏组件供应商评估过程中的主观和模糊信息。而且粗糙边界间隔比模糊边界间隔更加灵活，充分反映了决策者判断的模糊性。这种优势使评估结果更加合理和客观。

（2）可变精度粗糙 TODIM 方法考虑了决策者的认知模糊性，在模型中用可变精度 α 表示。借助它，粗糙集理论可以更广泛地处理不同情况下的判断模糊性和主观性。

（3）可变精度粗糙 TODIM 方法使用 OWA 算子将不同专家判断汇总为小组综合判断，可以降低极端个人偏好对最终小组偏好的影响。而以往研究中使用的算术和几何均值方法很容易受到极值的影响，会影响结果的准确性。

（4）可变精度粗糙 TODIM 方法应用改进的 TODIM 来对光伏组件供应商的可持续性进行排序，考虑了专家评估的有限理性。该特点使模型处理与专家非完全理性的事实相一致，而 TOPSIS 方法和 AHP 方法是理性选择模型，并未考虑专家的有限理性问题。

（5）与 AHP 方法不同，随着指标和光伏组件供应商数量的增加，TODIM 方法不会损害决策者的判断及其一致性。并且在专家评分收集阶段，无须对不同光伏组件供应商进行成对比较，节省了专家的时间和精力。

表 6-9　粗糙 TODIM 与其他方法的主要区别

方法	需要先验信息	模糊区间的灵活性	极端值影响	有限理性	对指标和供应商数目的限制
模糊 TODIM	Y	N	Y	Y	N
粗糙 TOPSIS	N	Y	N	N	N
AHP	N	N		N	Y

续表

方法	需要先验信息	模糊区间的灵活性	极端值影响	有限理性	对指标和供应商数目的限制
粗糙 TODIM（$\alpha=0$）	N	N	N	Y	N
粗糙 TODIM（$\alpha=0.5$）	N	Y	N	Y	N
粗糙 TODIM（$\alpha=1$）	N	Y	N	Y	N

注：Y 代表“是”，N 代表“不是”。

6.6.3 模型管理应用意义

本章的研究目标主要有两个：一是通过文献综述方法构建光伏组件供应商可持续发展水平评估指标体系；二是开发可持续光伏组件供应商选择的混合技术。该研究对光伏发电项目的项目经理或组件采购经理具有一定的借鉴意义。

首先，通过文献综述方法构建光伏组件供应商评估指标体系，为供应商建立评估指标清单并衡量它们的相对重要性，可以使管理人员更好地理解光伏可持续性的概念，有助于光伏发电项目的可持续发展。在本章中，可持续供应链管理实践被确定为光伏组件供应商评估指标。这有助于对供应商的早期开发，帮助项目管理人员更快地关注到目标光伏组件供应商。对于光伏组件供应商而言，客户运用确定的可持续供应链管理实践清单评估他们的产品绩效，间接促使供应商在其生产过程中实施可持续供应链管理实践，提升其可持续发展水平。根据清单密切关注企业存在的短板，进而生产出满足客户需求的光伏组件产品。

其次，本章开发了可持续光伏组件供应商选择模型来帮助项目或采购经理在不确定环境中排序备选供应商。通过使用本章构建的模型，光伏组件供应商排序更加准确、合理。光伏组件供应商可持续发展水平评估框架可有效选择那些制造成本低、产品质量优、环境污染少、社会效益显著的光伏组件供应商，这对于公司实现可持续发展目标意义重大。同时，决策人员应重点关注那些与其他方法得到的排序结果有较大差异的供应商。此外，将排序结果向光伏组件供应商公布，有助于他们发现生产管理中的薄弱环节，提高管理水平。基于此，光伏发电项目公司和光伏组件供应商可建立牢固的合作和监督关系，进而改善光伏供应链的可持续发展水平。

6.7　本章小结

本章开发了一种基于可持续供应链管理实践的光伏组件供应商评估框架。该技术框架将可持续供应链管理实践视为评估供应商的指标，综合考虑了光伏组件供应商的经济类管理实践、环境类管理实践、社会类管理实践。通过考察光伏组件供应商可持续供应链管理实践实施情况，发现并选择具有较高可持续发展水平的潜在光伏组件供应商，从而改善和提升光伏发电项目的可持续发展。此外，本章构建了光伏组件供应商的选择和评估方法，通过可变精度粗糙集理论灵活地处理隐含在专家评估中的主观性和模糊性；同时，运用 OWA 算子汇总了各个专家的判断，克服极端偏好值的影响；并使用粗糙 TODIM 方法对光伏组件供应商进行排序，该方法考虑了专家在判断中的有限理性，以及对指标和供应商的数量没有限制。最后，将构建的方法应用于实际案例中，并与其他方法的结果进行比较，验证本章的光伏组件供应商评估方法的可行性和先进性。

7 光伏发电项目运营期发电系统故障风险决策研究

7.1 引言

在光伏发电项目运营阶段，发电系统运行的稳定性和可靠性决定着光伏电站的发电效率、发电量和寿命，对电力生产和上网至关重要。光伏电站运用信息系统对电站进行制度化和流程化管理。在实际中，由于光伏电站管理标准不完善和运维人员专业化程度不高等客观原因，项目运维问题较为突出。据建衡认证中心的调研显示，已建成的 400 多座电站中有约 1/3 完工时间三年以上的电站出现问题，部分电站的光伏设备衰减率甚至达到 68%，在不进行维护的情况下可能在建成五年后电站即报废[159]。同时，我国光伏发电项目在发展过程出现较为严重的“弃光限电”现象，面临着太阳能资源无法全部输送到电网的重大挑战。光伏发电容易受到气候和环境的影响，发电量是不稳定的、波动的，将光伏电力整合到现有电网中有时会引发电网过载和功率不稳的现象。理想的集成电网设计需考虑光伏电源的可靠性及电网的稳定性，减少和干预影响光伏系统正常运行的故障，以提高社会各界对光伏能源的信心。因此，光伏发电企业需采取适当的风险告知方法（可靠性分析方法），预先评估光伏发电系统运行可能存在的故障，采取必要的措施来稳定光伏发电。

以往大多数与光伏发电有关的可靠性分析关注光伏组件或光伏平衡系统。随着社会对光伏发电集成电网稳定性的要求越来越高，这个产业需要更多研究关注整个光伏发电系统的可靠性和稳定性。预先对潜在的光伏设备故障进行识别和风险评估，对重要敏感设备和部件运行加强跟踪和管理，可有效降低因客观原因导致的设备故障电量损失和财产收益损失，从而保证电站发电的稳定性。从 2013 年起，我国新增光伏装机容量已达到世界第一并保持首位至今。我国光伏累计装机容量的持续上升意味着在光伏发电领域可能已经积累了大量的故障数据。但是，目前尚无公开的资料，如年鉴、公报和行业研究报告等，希望这部分数据得以统计，但客观故障数据的获取较为困难。因此，本章将邀请数名在光伏领域具有丰富的从业经验和电站管理经验的专家，采取主观判断方法对光伏系统故障进行识别及评估。此外，考虑到风险评估过程中的各种不确定信息对评估结果的影响，运用恰当的不确定信息处理机制可有效降低决策的模糊性和主观性问题。基于此，本章将构建改进的失效模式与影响分析（FMEA）方法来评估光伏发电系统运行的潜在故障，衡量与电力生产和安全相关的风险。该方法将粗糙集理论、云模型理论和 TOPSIS 方法集成，有效提升决策的有效性和准确率。通过分析风险评估结果，帮助电站管理人员采取风险防范措施，降低潜在故障对发电系统的影响。本章研究路线如图 7–1 所示。

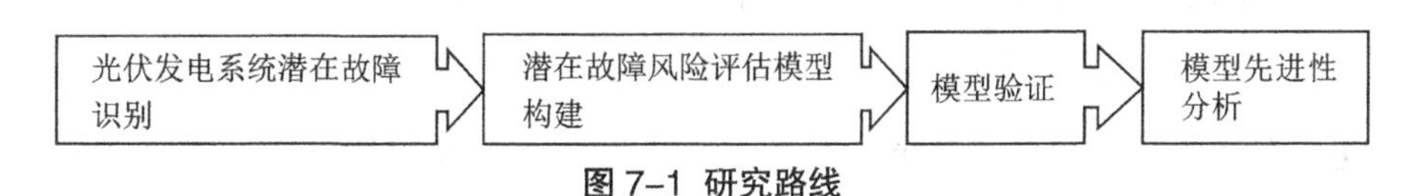

图 7–1 研究路线

7.2 光伏发电系统潜在故障识别

在执行 FMEA 方法、识别潜在故障之前，先简要了解光伏发电系统。本书研究的光伏电站为并网光伏电站，产生电能输送到电网。如图 7–2 所示，完整的光伏发电系统包括光伏组件矩阵和光伏平衡系统。光伏组件将太阳能转换成电能，在经过平衡系统功率调节后，转化为与电网电压相适应的电能，完成向电网的输送。具体来看，为减少光伏组件阵列到逆变器间的连线，光伏组件以组串形式形成光伏组件阵列。经汇流箱将一定数量的并联光伏阵列产生的电能汇流，再将汇流电能经直流柜输入逆变器。逆变器输出的交流电经交流配电柜输入升压变压器，最后形成与电网电压适配的电能后送入电网。

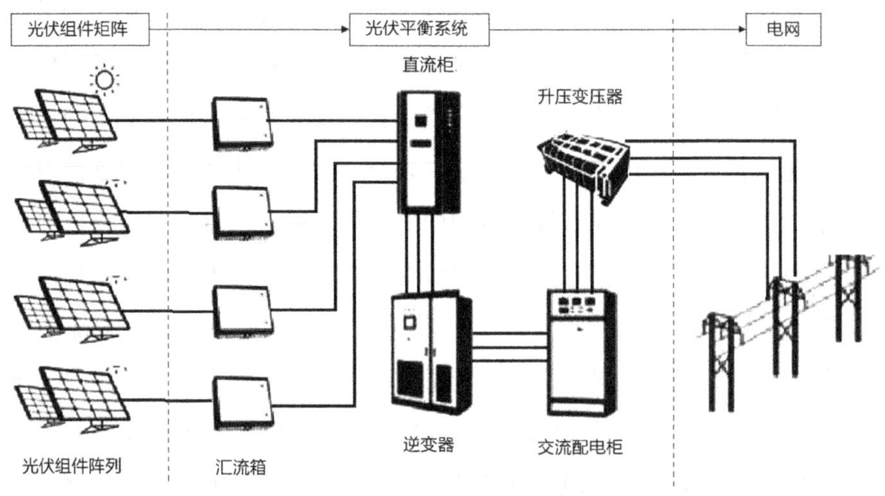

图 7–2　光伏发电系统简化图

FMEA 方法的分析对象为太阳能转换成电能并输入电网所经过的每个可能产生故障和风险的光伏系统部件，包括光伏组件部分及其支架、电缆、汇流箱、反极性二极管、断路器、逆变器、变压器等的潜在故障。图 7–3 列出了光伏发电系统的所有部件和关联子部件。FMEA 方法分析的第一步是在所有子部件上识别潜在故障并衡量它们的风险。通过相关文献查找、网络资源搜索、专家咨询，本书识别出了光伏发电系统所有潜在故障，表 7–1 列出了所有子部件的潜在故障（失效模式）、原因及后果。通过与不同专家和专业人士讨论，对潜在故障发生的原因进行分析。故障的潜在影响主要集中在电能供应的稳定性、部件损坏和人身安全等方面。探测方法则是针对潜在故障的发生是否有现成的方法可利用。运用 FMEA 方法可以计算获得潜在故障的风险优先级，为项目管理人员在光伏发电项目运营阶段的风险管理决策提供参考，降低客观环境中灾难性事件的影响。

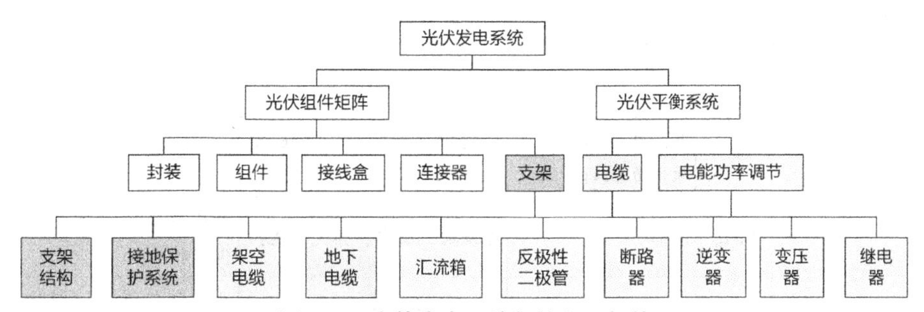

图 7–3 光伏发电系统部件和子部件

表 7–1 光伏发电系统潜在失效模式

子系统	子部件	编码	失效模式 / 故障	原因	后果
光伏组件矩阵	封装	FM_1	脱层（包括 EVA 与玻璃、电池片和背板的分层）	潮湿和炎热条件，盐分累积，污染物、湿气渗透或者其他外部因素	功率无谓消耗，影响组件性能
		FM_2	封装材料变色（包括 EVA 变色和背板变色）	温度过高、紫外线照射；背板是紫外敏感材料，EVA 对紫外线拦截失效	透光性下降，绝缘性下降，组件功率下降，并影响外观
		FM_3	背板附着力损失（包括背板条下存在气泡、划伤）	材料本身的问题，检验中未发现，或者是工人安装过程中存在失误	影响组件寿命
	组件	FM_4	电池片隐裂	制造、运输、安装等过程外力不当作用下的隐裂；高温，如焊接温度、层压温度设置不合理等	导致电池片部分乃至整片失效，组件功率衰减
		FM_5	背板龟裂粉化	背板透水率高，防紫外能力差等	组件寿命降低，绝缘性能下降
		FM_6	焊带腐蚀	助焊剂、EVA 的影响，焊带受潮，手接触腐蚀	影响外观和功率输出，严重导致热斑烧毁
		FM_7	电池片氧化	焊接过程有问题、封装材料透水率高	影响外观和功率输出
		FM_8	焊带与电池片、焊带与汇流条虚焊	焊接不良	组件输出功率下降，甚至打火引发火灾

续表

子系统	子部件	编码	失效模式 / 故障	原因	后果
光伏组件矩阵	组件	FM_9	电池板内线和电池原件互联断开	运输中受到挤压、热斑点，以及机械压力	电池短路，增加电阻
		FM_{10}	阴影	建筑物、灰尘、雾气等遮挡	电压降低，影响光伏组件效果
		FM_{11}	热斑	遮挡、问题电池、焊接不良等	光伏组件退化，组件烧毁，降低光伏电站性能
		FM_{12}	组件破碎	未按操作规程安装、外力冲击、高温等	引发火灾，减少发电量
		FM_{13}	白斑（助焊剂残留）	焊接时阻焊剂残留	降低组件寿命，影响发电量
		FM_{14}	闪电纹	环境湿度大，背板透水率高	影响组件外观，功率下降，有出现热斑风险
		FM_{15}	焊接失败	焊接拉力不足	已形成热斑，组件短路
	接线盒	FM_{16}	接线盒进水烧毁	密封性差	无功率输出，线盒组件等烧毁，报废
光伏组件矩阵	连接器	FM_{17}	连接器断开	连接器损坏，未连接，人为蓄意破坏，强风	不发电
		FM_{18}	接触不良或者短路	腐蚀，不恰当的安装，雷电损坏	减少或者没有电力产出，热损害或者火灾
	支架	FM_{19}	支架脱离	不合适的安装，极端天气，地震	支架配置不稳定，组件丢失
		FM_{20}	接地 / 雷电保护系统断开或者无效	腐蚀，不恰当的安装，雷电，物理损害，高电阻	组件损坏，电能减少
光伏平衡系统	电缆	FM_{21}	架空电缆断开	电缆故障，材料老化，人为蓄意破坏，极端天气	无电能产出，影响安全
		FM_{22}	地下电缆断开	电缆故障，材料老化，人为蓄意破坏，极端天气	无电能产出，影响安全
	汇流箱	FM_{23}	保险丝打开失败	系统配置失效，建造缺点，不恰当维修	系统电流过大，火灾，安全性等
		FM_{24}	保险丝过早打开	系统配置失效，建造缺点，不恰当维修	无电能产生

续表

子系统	子部件	编码	失效模式 / 故障	原因	后果
光伏平衡系统	反极性二极管	FM_{25}	反极性二极管断开	极高的电阻，材料质量较差	无电能产生
		FM_{26}	反极性二极管短路	材料缺陷，老化，热压力，机械和电力压力，污染	无针对反向电流的保护
	断路器	FM_{27}	断路器打开故障	系统配置差，建筑缺陷，不恰当的维护，老化	无电能产生，安全性，火灾
	逆变器	FM_{28}	逆变器无法转化电能	触点损坏，卡 / 板问题，软件故障（在工作条件下），通风障碍，极端天气情况，故意破坏	无电能产生
	变压器	FM_{29}	变压器断开	洪水，地震，爆炸，非电火 / 燃烧，短路，老化	无电能产生
		FM_{30}	变压器短路	结构部件损坏，油中的水 / 颗粒，连续过电压，短路，缺少保护装置，维护不当，老化	电能减少或者无产出，安全性，火灾
	保护继电器	FM_{31}	无法跳闸	保护装置不足，设置不当，维护不当，老化	降低电能输出、着火、爆炸、威胁安全性
		FM_{32}	误跳闸	系统配置不良，腐蚀，老化，缺乏维护	没有能量输出
		FM_{33}	短路	保护装置不足，设置不当，维护不当，老化	降低电能输出、着火、爆炸、威胁安全性

7.3 光伏发电系统故障风险评估模型

在 7.2 节归纳总结光伏发电系统的潜在故障识别的基础上，本节将构建模型来评估这些潜在故障发生的风险级别，以帮助电站管理人员运用有限资源合理管理光伏发电系统。在评估潜在故障风险的过程中，信息的不完全性、专家知识和经验的有限性、评估涉及模棱两可的判断和主观判断，这将导致故障风险优先级的不准确。大多数研究都忽略了判断中语言的模糊性和群体决策的多样性。本书将语言模糊性和群体决策多样性统称为不确定性。不确定性包含专家内在不确定性（即语言判断的模糊性）和专家间的不确定性（即专家判断的多样性）。以往研究较少在模型中同时处理这两种不确定性。传统FMEA方法以RPN值为基础计算潜在故障的风险优先级，然而传统FMEA方法在实际应用中遇到了一些问题，例如，风险因子的相对重要性是一样的；相同RPN值的两个失效模式可能潜在风险是不一样的；没有考虑人作为主体时评估过程中的模糊信息等。针对FMEA方法实际应用存在的问题，本书将开发一种改进的FMEA方法，简称为粗糙云TOPSIS方法。该方法仍旧以传统FMEA方法中的三个风险因子，即严重性、发生率、难检度为风险评估指标，不同的是光伏发电系统故障风险优先级的计算以粗糙集理论、云模型理论和TOPSIS方法为基础。该方法可同时处理专家的内在不确定性和专家间不确定性。从前文可知，粗糙集理论可以在额外信息缺失的情况下灵活地处理不同专家在小组中的模糊性和知识局限性。实际上，该理论是在现有专家组判断范围的基础上，获得专家个人判断模糊性和主观性，是一种专家间的不确定性。云模型理论则处理的是专家语言判断的模糊性，即个人判断时自身知识和经验受限的不确定性。本书将这两种不确定性处理机制有机结合起来，研究光伏发电系统故障风险评估过程中的专家判断不确定性。由于所提出的模型涉及粗糙集理论和云模型理论的应用，粗糙集理论已在第5章作过简要的介绍，本章仅对云模型理论的一些基本特征和一些基本运算进行简单介绍，具体如下。

7.3.1 模型理论基础

7.3.1.1 云模型

云模型理论以模糊集理论和概率论为基础，可定量描述人类知识中定性概念的模糊性和随机性特征[160]。该理论改进了模糊集理论规定隶属度是确定值的不足，允许隶属度围绕某个中心值随机扰动来处理专家判断的随机性问题[161]。

假设T是定义在论域$U=\{x\}$上的定性概念，x是定量化描述定性概

念 T 的随机数，$\mu_T(x)=[0,1]$ 表示 x 属于概念 T 的隶属度，是遵循概率分布的随机数，而不是固定数。此时称 x 的分布为论域中的云，x 为云滴。不同于模糊集理论中隶属度值的变化是一条确定的曲线，云模型的隶属度值是由无数个云滴组成的。云模型使用三个定量值来描述云滴 x 的分布：期望值 E_x、熵值 E_n 和超熵值 H_e。E_x 表示云滴的数学期望值，是最能表示某个定性概念的数值。E_n 定量描述了定性概念的随机性和模糊性特征，分别衡量了云滴的分散程度以及能代表定性概念的论域中数值范围。H_e 是熵 E_n 的熵，衡量了隶属度的不确定程度。因此，云模型可定量化表示为 $C=(E_x,E_n,H_e)$。

云模型中云滴的分布有多种类型，其中正态分布是云滴最常见的类型。故正态云模型是最常用的云模型形式，可反映现实中许多不确定现象。图 7–4 描绘了两个正态云模型 $C_1=(0,1/3,0.02)$ 和 $C_2=(0,1/2,0.04)$，可以看出，熵值 E_n 越大，模糊范围就越大；超熵值 H_e 越大，云的厚度越大，隶属度的不确定性也越大。当期望值 E_x 为区间数 $\left[\underline{E_x},\overline{E_x}\right]$ 的形式时，云模型变成区间云模型，可表示为 $\tilde{C}=\left(\left[\underline{E_x},\overline{E_x}\right],E_n,H_e\right)$。

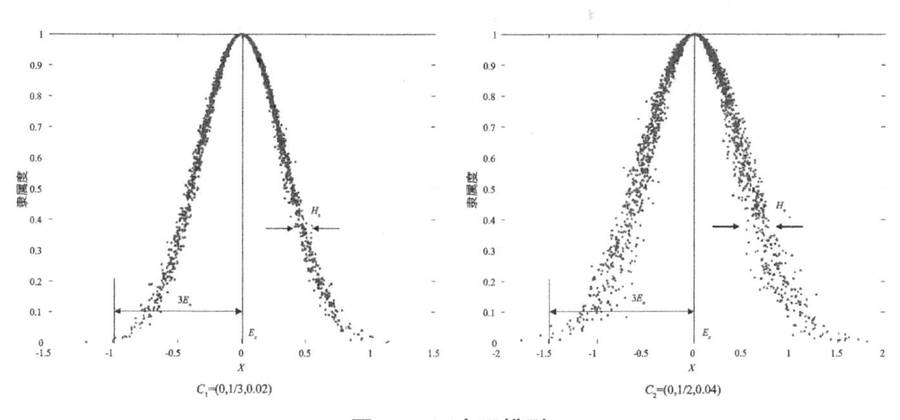

图 7–4　正态云模型

定义 7–1：假设有两个区间云模型 $\tilde{C}_1=\left(\left[\underline{E_{x1}},\overline{E_{x1}}\right],E_{n1},H_{e1}\right)$ 和 $\tilde{C}_2=\left(\left[\underline{E_{x2}},\overline{E_{x2}}\right],E_{n2},H_{e2}\right)$，那么云模型的运算法则如下所示：

$$\tilde{C}_1+\tilde{C}_2=\left(\left[\underline{E_{x1}}+\underline{E_{x2}},\overline{E_{x1}}+\overline{E_{x2}}\right],\sqrt{E_{n1}^2+E_{n2}^2},\sqrt{H_{e1}^2+H_{e2}^2}\right) \tag{7-1}$$

$$\tilde{C}_1\times\tilde{C}_2=\left(\left[\underline{E_{x1}E_{x2}},\overline{E_{x1}E_{x2}}\right],\sqrt{(E_{n1}E_{x2})^2+(E_{n2}E_{x1})^2},\sqrt{(H_{e1}E_{x2})^2+(H_{e2}E_{x1})^2}\right) \tag{7-2}$$

$$\tilde{C}_1^m=([\underline{E_{x1}^m},\overline{E_{x1}^m}],\sqrt{m}\times E_{x1}^{m-1}\times E_{n1},\sqrt{m}\times E_{x1}^{m-1}\times H_{e1}) \tag{7-3}$$

$$\lambda\tilde{C}_1=\left(\left[\lambda\underline{E_{x1}},\lambda\overline{E_{x1}}\right],\sqrt{\lambda}E_{n1},\sqrt{\lambda}H_{e1}\right) \tag{7-4}$$

其中，λ为常数，满足$\lambda>0$。$E_{x1}=(\underline{E_{x1}}+\overline{E_{x1}})/2$，$E_{x2}=(\underline{E_{x2}}+\overline{E_{x2}})/2$。

定义 7-2：设$\tilde{C}_1=\left(\left[\underline{E_{x1}},\overline{E_{x1}}\right],E_{n1},H_{e1}\right)$和$\tilde{C}_2=\left(\left[\underline{E_{x2}},\overline{E_{x2}}\right],E_{n2},H_{e2}\right)$为论域$U$中的两个任意区间云，它们的距离定义如下：

$$d\left(\tilde{C}_1,\tilde{C}_2\right)=\frac{1}{2}\times\left(\begin{aligned}&\left|\left(1-\frac{E_{n1}+H_{e1}}{E_{x1}}\right)\underline{E_{x1}}-\left(1-\frac{E_{n2}+H_{e2}}{E_{x2}}\right)\underline{E_{x2}}\right|\\&+\left|\left(1-\frac{E_{n1}+H_{e1}}{E_{x1}}\right)\overline{E_{x1}}-\left(1-\frac{E_{n2}+H_{e2}}{E_{x2}}\right)\overline{E_{x2}}\right|\end{aligned}\right) \tag{7-5}$$

其中，$d\left(\tilde{C}_1,\tilde{C}_2\right)$为两个区间云模型的距离。$E_{x1}=\left(\underline{E_{x1}}+\overline{E_{x1}}\right)/2$，$E_{x2}=\left(\underline{E_{x2}}+\overline{E_{x2}}\right)/2$。

定义 7-3：同定义 7-1 和定义 7-2 中假设相同的两个区间云模型$\tilde{C}_1$和$\tilde{C}_2$，基于$3E_n$原理，区间云可以转换为区间数的形式，分别表示为$a=[\underline{a},\overline{a}]$和$b=[\underline{b},\overline{b}]$，其中$\underline{a}=\underline{E_{x1}}-3E_{n1}$，$\overline{a}=\overline{E_{x1}}+3E_{n1}$，$\underline{b}=\underline{E_{x2}}-3E_{n2}$，以及$\overline{b}=\overline{E_{x2}}+3E_{n2}$。那么，可根据以下排名规则比较两个区间云模型：

（1）如果$R_{ab}>0$，那么$\tilde{C}_1>\tilde{C}_2$；

（2）如果$R_{ab}=0$且$E_{n1}<E_{n2}$，那么$\tilde{C}_1>\tilde{C}_2$；

（3）如果$R_{ab}=0$且$E_{n1}=E_{n2}$，并且$H_{e1}<H_{e2}$，那么$\tilde{C}_1>\tilde{C}_2$；

（4）如果$R_{ab}=0$且$E_{n1}=E_{n2}$，并且$H_{e1}=H_{e2}$，那么$\tilde{C}_1>\tilde{C}_2$。

其中，$R_{ab}=2(\overline{a}-\underline{b})-(\overline{a}-\underline{a}+\overline{b}-\underline{b})$。

定义 7-4：假设有一个有限且完全有序的离散语言术语集$S=\{s_\alpha|\alpha=0,\cdots,t,\quad t\in N\}$，$s_\alpha$为其中的一个语言术语，$N$为非负整数集。语言术语集$S$具有如下特征：

（1）如果$\alpha>\beta$，那么$s_\alpha>s_\beta$；

（2）否定运算符：Neg（s_α）$= s_\beta$，其中 $\beta = t-\alpha$；

（3）如果 $s_\alpha > s_\beta$，那么最大值运算符为 $\max\{s_\alpha, s_\beta\} = s_\alpha$。

例如，包含七个语言术语的集合可表示为 $S = \{s_0$ = 非常差，s_1 = 差，s_2 = 稍差，s_3 = 中等，s_4 = 稍好，s_5 = 好，s_6 = 非常好 $\}$。

定义 7-5：$S = \{s_\alpha | \alpha = 0,\cdots,t,\quad t \in N\}$ 为语言术语集，集合中的语言术语 $s_0,s_1,\cdots,s_t$ 可转化为云模型的形式来表示语言变量的模糊性和随机性特征：

$C_0 =$（E_{x0},E_{n0},H_{e0}），$C_1 =$（E_{x1},E_{n1},H_{e1}），$C_2 =$（E_{x2},E_{n2},H_{e2}），$\cdots$，$C_t =$（E_{xt},E_{nt},H_{et}）

一般论域 $U = [x_{\min}, x_{\max}]$ 由专家预设。基于黄金分割[83]，可以计算出上述云模型的数值特征。以 $t = 6$ 为例，计算过程如下：

$E_{x\alpha} = \alpha / t\ (\alpha = 0,1,2,\cdots,t)$；

$E_{n3} = [0.382 \times (x_{\max} - x_{\min})] / 3(t+1), E_{n2} = E_{n4} = E_{n3} / 0.618$；

$E_{n1} = E_{n5} = E_{n2} / 0.618, E_{n0} = E_{n6} = E_{n1} / 0.618$；

$H_{e2} = H_{e4} = H_{e3} / 0.618, H_{e1} = H_{e5} = H_{e2} / 0.618, H_{e0} = H_{e6} = H_{e1} / 0.618$。

在上面的计算过程中，H_{e3} 的值是预先设置的。在本书中，$H_{e3} = 0.01$，论域 $U = [0, 1]$。那么，$t = 6$ 时的相应云模型为 $C_0 =$（0,0.077,0.042），$C_1 =$（0.167,0.048,0.026），$C_2 =$（0.333,0.029,0.016），$C_3 =$（0.5,0.018,0.01），$C_4 =$（0.667,0.029,0.016），$C_5 =$（0.833,0.048,0.026），$C_6 =$（1,0.077,0.042）。黄金分割的主要思想是，如果云模型的期望值更接近域的中心，那么它的熵和超熵值较小，否则，它的熵和超熵值较大。

定义 7-6：s_α 和 s_β 为语言术语集合中的两个元素，$[s_\alpha, s_\beta]$ 为语言术语的区间形式，表示评估人认为被评估对象的表现在 $[s_\alpha, s_\beta]$ 变化。基于定义 7-5，这两个语言术语均可转化为相应的云模型 $C_\alpha =$（$E_{x\alpha},E_{n\alpha},H_{e\alpha}$）和 $C_\beta =$（$E_{x\beta},E_{n\beta},H_{e\beta}$）。那么，区间语言术语的区间云模型形式可定义为

$\tilde{C}=\left(\left[\underline{E_x},\overline{E_x}\right],E_n,H_e\right)$，其中：

$$\begin{cases}\underline{E_x}=\min\left\{E_{x\alpha},E_{x\beta}\right\}\\ \overline{E_x}=\max\left\{E_{x\alpha},E_{x\beta}\right\}\end{cases}\tag{7-6}$$

$$E_n=\sqrt{(E_{n\alpha}^2+E_{n\beta}^2)/2}\tag{7-7}$$

$$H_e=\sqrt{(H_{e\alpha}^2+H_{e\beta}^2)/2}\tag{7-8}$$

7.3.1.2 基于云模型的扩展粗糙集理论

云模型与粗糙集理论相结合，可同时处理专家判断中的内在不确定性和专家间不确定性。假设 $\mathrm{IS}=\{(s_\alpha)_k|\alpha=0,\cdots,t,\quad t\in N;k=1,2,\cdots,l\}$ 为 l 个专家的语言判断集。根据定义 7–5 中的公式可将语言术语转化成云模型形式。因此，语言判断集 IS 可转化为云模型判断集 $\mathrm{CIS}=\{C_k=(E_{xk},E_{nk},H_{ek})|k=1,2,\cdots,l\}$。按照粗糙集理论的处理机制及云模型排序规则，可获得判断集中每个云模型的下近似集合和上近似集合：

$$\underline{\mathrm{Apr}}(C_k)=\cup\left\{C_h\in\mathrm{CIS}\middle|C_h\leqslant C_k\right\}\tag{7-9}$$

$$\overline{\mathrm{Apr}}(C_k)=\cup\left\{C_h\in\mathrm{CIS}\middle|C_h\geqslant C_k\right\}\tag{7-10}$$

那么云模型的下界限和上界限分别为

$$\begin{aligned}\underline{\mathrm{Lim}}(C_k)&=\left(E_{xk}^{\mathrm{L}},E_{nk}^{\mathrm{L}},H_{ek}^{\mathrm{L}}\right)=\frac{1}{N_1}\sum_h C_h\middle|C_h\in\underline{\mathrm{Apr}}(C_k)\\&=\left(\frac{1}{N_l}\sum_h E_{xh},\sqrt{\frac{1}{N_l}\sum_h(E_{nh})^2}\right),\sqrt{\frac{1}{N_l}\sum_h(H_{eh})^2})\end{aligned}\tag{7-11}$$

$$\begin{aligned}\overline{\mathrm{Lim}}(C_k)&=\left(E_{xk}^{\mathrm{U}},E_{nk}^{\mathrm{U}},H_{ek}^{\mathrm{U}}\right)=\frac{1}{N_u}\sum_h C_h\middle|C_h\in\overline{\mathrm{Apr}}(C_k)\\&=\left(\frac{1}{N_u}\sum_h E_{xh},\sqrt{\frac{1}{N_u}\sum_h(E_{nh})^2}\right),\sqrt{\frac{1}{N_u}\sum_h(H_{eh})^2})\end{aligned}\tag{7-12}$$

集成粗糙集的云模型，即粗糙云模型可表示为

$$\mathrm{RC}_k=\left[\underline{\mathrm{Lim}}(C_k),\overline{\mathrm{Lim}}(C_k)\right]\tag{7-13}$$

式（7–13）的粗糙云模型可进一步转化为区间云的形式：

$$\begin{aligned}\widetilde{\mathrm{RC}}_k&=\left(\left[E_{xk}^{\mathrm{L}},E_{xk}^{\mathrm{U}}\right],E_{nk}^{'},H_{ek}^{'}\right)\\&=\left(\left[E_{xk}^{\mathrm{L}},E_{xk}^{\mathrm{U}}\right],\sqrt{\left((E_{nk}^{\mathrm{L}})^2+(E_{nk}^{\mathrm{U}})^2\right)/2},\sqrt{\left((H_{ek}^{\mathrm{L}})^2+(H_{ek}^{\mathrm{U}})^2\right)/2}\right)\end{aligned}\tag{7-14}$$

7.3.2 评估光伏发电系统潜在故障风险

基于以上理论，本书构建了光伏发电系统潜在故障风险评估模型。具体步骤如下。

第一步，专家对潜在故障风险进行评估。

在过去的企业管理中，重要的决策往往由最高领导人决定，存在“一言堂”的现象。由于决策环境的日益复杂和个人知识背景的局限性，越来越多的企业组成专家团队，共同对重大问题进行决策。根据表 7–2 中列出的三个风险因子（S,O,D）不同等级的定性语言术语量表，专家组成员评估各风险因子下光伏发电系统每个潜在故障的风险。专家提供的原始风险语言评价为

$$M=\begin{bmatrix}\left(y_{1S}^{1},y_{1S}^{2},\cdots,y_{1S}^{k},\cdots,y_{1S}^{l}\right) & \left(y_{1O}^{1},y_{1O}^{2},\cdots,y_{1O}^{k},\cdots,y_{1O}^{l}\right) & \left(y_{1D}^{1},y_{1D}^{2},\cdots,y_{1D}^{k},\cdots,y_{1D}^{l}\right)\\ \left(y_{2S}^{1},y_{2S}^{2},\cdots,y_{2S}^{k},\cdots,y_{2S}^{l}\right) & \left(y_{2O}^{1},y_{2O}^{2},\cdots,y_{2O}^{k},\cdots,y_{2O}^{l}\right) & \left(y_{2D}^{1},y_{2D}^{2},\cdots,y_{2D}^{k},\cdots,y_{2D}^{l}\right)\\ \vdots & \vdots & \vdots\\ \left(y_{MS}^{1},y_{MS}^{2},\cdots y_{MS}^{k},\cdots,y_{MS}^{l}\right) & \left(y_{MO}^{1},y_{MO}^{2},\cdots,y_{MO}^{k},\cdots,y_{MO}^{l}\right) & \left(y_{MD}^{1},y_{MD}^{2},\cdots,y_{MD}^{k},\cdots,y_{MD}^{l}\right)\end{bmatrix}$$

(7–15)

其中，$\boldsymbol{M}$ 表示所有专家提供的对潜在故障风险评估的原始评价矩阵（$k=1,2,\cdots,l$）；y_{ij}^{k}（$i=1,2,\cdots,m$；$j=S,O,D$）表示第 k 个专家对第 i 个潜在故障在第 j 个风险因子下的评估语言；m 表示共识别出 m 个光伏发电系统潜在故障。

表 7–2 风险因子语言术语量表

语言术语变量	严重性（S）	发生率（O）	难检度（D）
s_0	没有影响	不发生	可以探测
s_1	轻微后果	低	探测机会高
s_2	小后果	略低	探测机会中度高
s_3	温和后果	中等	可能探测
s_4	重要后果	略高	不能确定能否探测

续表

语言术语变量	严重性（S）	发生率（O）	难检度（D）
s_5	极端后果	高	几乎不能探测
s_6	致命后果	确定发生	完全不能探测

第二步，将专家风险评估语言转换为云模型。

根据定义 7–5，将所有专家对潜在故障的风险评估语言转换为云模型，如下所示：

$$C\left(y_{ij}^{k}\right)=\left(E_{xij}^{\ k},E_{nij}^{\ k},H_{eij}^{\ k}\right) \tag{7–16}$$

其中，$C\left(y_{ij}^{k}\right)$为专家原始评估语言 y_{ij}^{k} 的云模型形式，简称为云评估。

第三步，计算粗糙云评估。

尽管云模型可以反映专家本身判断的不确定性，但专家间判断的不确定性并未得到处理。粗糙集理论可以解决专家间的不确定性。因此，每个专家的云评估都将进一步用粗糙集理论处理，从而同时反映专家评估中的内在不确定性和专家间不确定性。基于式（7–9）~式（7–14），我们可以得出每个潜在故障风险的粗糙云评估，如下所示：

$$\widetilde{\mathrm{RC}}\left(y_{ij}^{k}\right)=\left(\left[E_{xij}^{\ k\mathrm{L}},E_{xij}^{\ k\mathrm{U}}\right],E_{nij}^{\ 'k},H_{eij}^{\ 'k}\right) \tag{7–17}$$

其中，$\widetilde{\mathrm{RC}}\left(y_{ij}^{k}\right)$为原始评估语言 y_{ij}^{k} 的粗糙云评估形式。

第四步，集成不同专家对潜在故障风险的粗糙云评估来获得专家小组的群评估粗糙云模型形式，如下所示：

$$\begin{aligned}\widetilde{\mathrm{RC}}\left(y_{ij}\right)&=\left(\left[E_{xij}^{\ \mathrm{L}},E_{xij}^{\ \mathrm{U}}\right],E_{nij},H_{eij}\right)=\frac{1}{l}\sum_{k=1}^{l}\left(\left[E_{xij}^{\ k\mathrm{L}},E_{xij}^{\ k\mathrm{U}}\right],E_{nij}^{\ 'k},H_{eij}^{\ 'k}\right)\\&=\left(\left[\frac{1}{l}\sum_{k=1}^{l}E_{xij}^{\ k\mathrm{L}},\frac{1}{l}\sum_{k=1}^{l}E_{xij}^{\ k\mathrm{U}}\right],\sqrt{\frac{1}{l}\sum_{k=1}^{l}(E_{nij}^{\ 'k})^{2}},\sqrt{\frac{1}{l}\sum_{k=1}^{l}(H_{eij}^{\ 'k})^{2}}\right)\end{aligned} \tag{7–18}$$

其中，$\widetilde{\mathrm{RC}}\left(y_{ij}\right)$为 y_{ij} 的专家小组群评估粗糙云模型形式，简称为群粗糙云评估。

7.3.3 确定风险因子权重

本书运用统计方差的概念来计算风险因子的客观权重。基于专家小组对光伏发电系统潜在故障风险的评估矩阵，依据以下公式计算得到风险因子权重。

$$\begin{aligned}\widetilde{\mathrm{RC}}\left(y_{ij}\right)_{\text{mean}} &= \frac{1}{m}\sum_{i=1}^{m}\widetilde{\mathrm{RC}}\left(y_{ij}\right)\\ &= \left(\left[\frac{1}{m}\sum_{i=1}^{m}E_{xij}^{\mathrm{L}},\frac{1}{m}\sum_{i=1}^{m}E_{xij}^{\mathrm{U}}\right],\sqrt{\frac{1}{m}\sum_{i=1}^{m}(E_{nij})^{2}},\sqrt{\frac{1}{m}\sum_{i=1}^{m}\left(H_{eij}\right)^{2}}\right)\end{aligned} \tag{7-19}$$

$$V_{j}=\frac{1}{m}\sum_{i=1}^{m}\left[d\left(\widetilde{\mathrm{RC}}\left(y_{ij}\right),\widetilde{\mathrm{RC}}\left(y_{ij}\right)_{\text{mean}}\right]^{2} \tag{7-20}$$

$$w_{j}=V_{j}\Big/\sum_{j=S,O,D}V_{j} \tag{7-21}$$

其中，$\widetilde{\mathrm{RC}}\left(y_{ij}\right)_{\text{mean}}$ 为第 j 个风险因子下所有故障的群粗糙云评估平均值；V_j 为第 j 个风险因子下潜在故障群粗略云评估的方差；w_j 为第 j 个风险因子的客观权重。

7.3.4 计算光伏发电系统潜在故障的风险优先级

第一步，计算加权群粗糙云评估矩阵。

$$\widetilde{\mathrm{RC}}\left(y_{ij}'\right)=w_{j}\times\widetilde{\mathrm{RC}}\left(y_{ij}\right)=w_{j}\times\left(\left[E_{xij}^{\mathrm{L}},E_{xij}^{\mathrm{U}}\right],E_{nij},H_{eij}\right)=\left(\left[E_{xij}^{\mathrm{L}'},E_{xij}^{\mathrm{U}'}\right],E_{nij}',H_{eij}'\right) \tag{7-22}$$

其中，$\widetilde{\mathrm{RC}}\left(y_{ij}'\right)$ 为加权群粗糙云评估。

第二步，识别正理想解和负理想解。

基于加权群粗糙云评估矩阵，通过式（7–23）和式（7–24）确定正理想解和负理想解：

$$\widetilde{\mathrm{RC}}^{+}\left(y_{j}'\right)=\left(\left[\max_{i}E_{xij}^{\mathrm{L}'},\max_{i}E_{xij}^{\mathrm{U}'}\right],\min_{i}E_{nij}',\min_{i}H_{eij}'\right) \tag{7-23}$$

$$\widetilde{\mathrm{RC}}^{-}\left(y_{j}'\right)=\left(\left[\min_{i}E_{xij}^{\mathrm{L}'},\min_{i}E_{xij}^{\mathrm{U}'}\right],\max_{i}E_{nij}',\max_{i}H_{eij}'\right) \tag{7-24}$$

其中，$\widetilde{\mathrm{RC}}^{+}\left(y_{j}'\right)$ 为第 j 个风险因子的正理想解；$\widetilde{\mathrm{RC}}^{-}\left(y_{j}'\right)$ 为第 j 个风

险因子的负理想解。

第三步，计算每个光伏发电系统潜在故障与理想解之间的距离。

根据定义 7–2，潜在故障与两个理想解的距离分别为

$$d_i^+ = \sqrt{\sum_{j=S,O,D}\left[d\left(\widetilde{\mathrm{RC}}\left(y_{ij}^{'}\right),\widetilde{\mathrm{RC}}^+\left(y_j^{'}\right)\right)\right]^2} \tag{7–25}$$

$$d_i^- = \sqrt{\sum_{j=S,O,D}\left[d\left(\widetilde{\mathrm{RC}}\left(y_{ij}^{'}\right),\widetilde{\mathrm{RC}}^-\left(y_j^{'}\right)\right)\right]^2} \tag{7–26}$$

其中，d_i^+ 为第 i 个潜在故障与正理想解的距离；d_i^- 为第 i 个潜在故障与负理想解的距离。

第四步，计算每个潜在故障的贴近度系数。

$$\mathrm{cc}_i = d_i^- / \left(d_i^- + d_i^+\right) \tag{7–27}$$

其中，cc_i 为第 i 个潜在故障的贴近度系数。贴近度系数是故障风险优先级排序的依据，贴近度系数越大，表明潜在故障发生的风险越高。

7.4 故障风险评估模型验证

为了验证本章提出的光伏发电系统潜在故障风险评估模型的可行性，邀请了六位光伏领域专家对表 7–1 中已识别的光伏发电系统潜在故障风险进行评估。这六位专家均为光伏企业高管，在光伏行业有至少十年的从业经验，对光伏发电系统运行较为熟悉。故这六位专家有良好的专业背景、较强的资历，能对光伏发电系统的潜在故障发生风险进行评估。模型应用的具体步骤结果如下。

7.4.1 评估光伏发电系统潜在故障风险

第一步，六位专家组成专家小组，采用表 7–2 中的评估语言术语量表，独立对光伏发电系统每个潜在故障的严重性、发生率和难检度进行评估，专家们提供的原始评估语言术语见表 7–3。

第二步，根据式（7–16）和式（7–17），获得每个专家风险评估的粗糙云模型形式，见表 7–4。由于篇幅的限制，仅列出部分计算结果。以光伏发电系统第一个潜在故障“脱层”（FM_1）发生的严重性评估为例来说明具体计算过程和结果。六位专家对 FM_1 发生的严重性判断集为 $\{y_{1s}^k|k=1,2,\cdots,6\}=\{s_6,s_6,s_1,s_1,s_4,s_4\}$。根据定义 7–5，语言术语评估可转换为相应的云模型形式，即 $\{C(s_6),C(s_6),C(s_1),C(s_1),C(s_4),C(s_4)\}=\{(1.000,0.077,0.042),(1.000,0.077,0.042),(0.167,0.048,0.026),(0.167,0.048,0.026),(0.667,0.029,0.016)\}$。根据式（7–9）~式（7–13）以及定义 7–3 中云模型的排序规则，获得每个专家云评估的上界限和下界限：

$$\underline{\mathrm{Apr}}\left(C\left(s_6\right)\right)=\left\{C\left(s_6\right),C\left(s_6\right),C\left(s_1\right),C\left(s_1\right),C\left(s_4\right),C\left(s_4\right)\right\}$$
$$\overline{\mathrm{Apr}}\left(C\left(s_6\right)\right)=\left\{C\left(s_6\right),C\left(s_6\right)\right\}$$
$$\underline{\mathrm{Apr}}\left(C\left(s_4\right)\right)=\left\{C\left(s_1\right),C\left(s_1\right),C\left(s_4\right),C\left(s_4\right)\right\}$$
$$\overline{\mathrm{Apr}}\left(C\left(s_4\right)\right)=\left\{C\left(s_6\right),C\left(s_6\right),C\left(s_4\right),C\left(s_4\right)\right\}$$
$$\underline{\mathrm{Apr}}\left(C\left(s_1\right)\right)=\left\{C\left(s_1\right),C\left(s_1\right)\right\}$$
$$\overline{\mathrm{Apr}}\left(C\left(s_1\right)\right)=\left\{C\left(s_6\right),C\left(s_6\right),C\left(s_4\right),C\left(s_4\right),C\left(s_1\right),C\left(s_1\right)\right\}$$
$$\begin{aligned}\underline{\mathrm{Lim}}\left(C\left(s_6\right)\right)&=\frac{1}{6}\times\left(C\left(s_6\right)+C\left(s_6\right)+C\left(s_1\right)+C\left(s_1\right)+C\left(s_4\right)+C\left(s_4\right)\right)\\&=(0.611,0.055,0.030)\end{aligned}$$
$$\overline{\mathrm{Lim}}\left(C\left(s_6\right)\right)=\frac{1}{2}\times\left(C\left(s_6\right)+C\left(s_6\right)\right)=\left(1.000,0.077,0.042\right)$$
$$\underline{\mathrm{Lim}}\left(C\left(s_4\right)\right)=\frac{1}{4}\times\left(C\left(s_1\right)+C\left(s_1\right)+C\left(s_4\right)+C\left(s_4\right)\right)=(0.417,0.040,0.022)$$
$$\overline{\mathrm{Lim}}\left(C\left(s_4\right)\right)=\frac{1}{4}\times\left(C\left(s_6\right)+C\left(s_6\right)+C\left(s_4\right)+C\left(s_4\right)\right)=\left(0.834,0.058,0.032\right)$$
$$\underline{\mathrm{Lim}}\left(C\left(s_1\right)\right)=\frac{1}{2}\times\left(C\left(s_1\right)+C\left(s_1\right)\right)=\left(0.167,0.048,0.026\right)$$
$$\begin{aligned}\overline{\mathrm{Lim}}\left(C\left(s_1\right)\right)&=\frac{1}{6}\times\left(C\left(s_6\right)+C\left(s_6\right)+C\left(s_1\right)+C\left(s_1\right)+C\left(s_4\right)+C\left(s_4\right)\right)\\&=\left(0.611,0.055,0.030\right)\end{aligned}$$

进一步地，粗糙云模型为

$$\begin{aligned}\mathrm{RC}\left(C\left(s_6\right)\right)&=\left[\underline{\mathrm{Lim}}\left(C\left(s_6\right)\right),\overline{\mathrm{Lim}}\left(C\left(s_6\right)\right)\right]\\&=\left[(0.611,0.055,0.030),(1.000,0.077,0.042)\right]\end{aligned}$$

$$\mathrm{RC}\left(C\left(s_4\right)\right)=\left[\underline{\mathrm{Lim}}\left(C\left(s_4\right)\right),\overline{\mathrm{Lim}}\left(C\left(s_4\right)\right)\right]$$
$$=\left[(0.417,0.040,0.022),(0.834,0.058,0.032)\right]$$
$$\mathrm{RC}\left(C\left(s_1\right)\right)=\left[\underline{\mathrm{Lim}}\left(C\left(s_1\right)\right),\overline{\mathrm{Lim}}\left(C\left(s_1\right)\right)\right]$$
$$=\left[(0.167,0.048,0.026),(0.611,0.055,0.030)\right]$$

根据式（7–14），上述粗糙云模型可进一步转化为区间云的形式：

$$\widetilde{\mathrm{RC}}\left(C\left(s_6\right)\right)=\left(\left[0.611,1.000\right],0.067,0.036\right)$$
$$\widetilde{\mathrm{RC}}\left(C\left(s_4\right)\right)=\left(\left[0.417,0.834\right],0.050,0.027\right)$$
$$\widetilde{\mathrm{RC}}\left(C\left(s_1\right)\right)=\left(\left[0.167,0.611\right],0.052,0.028\right)$$

最终，六位专家对 FM_1 发生严重性的粗糙云评估集为：$\{\widetilde{\mathrm{RC}}\left(C\left(s_6\right)\right)$, $\widetilde{\mathrm{RC}}\left(C\left(s_6\right)\right)$, $\widetilde{\mathrm{RC}}\left(C\left(s_4\right)\right)$, $\widetilde{\mathrm{RC}}\left(C\left(s_4\right)\right)$, $\widetilde{\mathrm{RC}}(C\left(s_1\right)$, $\widetilde{\mathrm{RC}}(C\left(s_1\right)\}$。

第三步，根据式（7–18）集成不同专家的粗糙云评估，获得群粗糙云评估（见表 7–5）。仍以第二步的例子为例，FM_1 严重性的群粗糙云评估为

$$\widetilde{\mathrm{RC}}\left(y_{1s}\right)=\frac{1}{6}\times(\widetilde{\mathrm{RC}}\left(C\left(s_6\right)\right)+\widetilde{\mathrm{RC}}\left(C\left(s_6\right)\right)+\widetilde{\mathrm{RC}}\left(C\left(s_4\right)\right)+\widetilde{\mathrm{RC}}\left(C\left(s_4\right)\right)$$
$$+\widetilde{\mathrm{RC}}(C\left(s_1\right)+\widetilde{\mathrm{RC}}\left(C\left(s_1\right)\right)=\left(\left[0.398,0.815\right],0.057,0.031\right)$$

表 7–3　专家对光伏发电系统潜在故障的风险原始评估语言变量

故障	风险因子																	
	严重性						发生率						难检度					
	k_1	k_2	k_3	k_4	k_5	k_6	k_1	k_2	k_3	k_4	k_5	k_6	k_1	k_2	k_3	k_4	k_5	k_6
FM_1	s_6	s_6	s_1	s_1	s_4	s_4	s_1	s_4	s_2	s_1	s_2	s_2	s_3	s_2	s_0	s_1	s_2	s_2
FM_2	s_3	s_5	s_1	s_2	s_3	s_4	s_1	s_4	s_3	s_2	s_2	s_2	s_3	s_2	s_0	s_2	s_2	s_2
FM_3	s_3	s_5	s_1	s_1	s_2	s_3	s_1	s_4	s_2	s_1	s_3	s_2	s_1	s_2	s_0	s_1	s_2	s_2
FM_4	s_4	s_6	s_2	s_2	s_2	s_4	s_4	s_4	s_3	s_2	s_2	s_3	s_4	s_2	s_1	s_2	s_2	s_3
FM_5	s_6	s_6	s_2	s_1	s_4	s_3	s_2	s_3	s_3	s_1	s_2	s_2	s_4	s_2	s_0	s_1	s_2	s_2
FM_6	s_6	s_6	s_3	s_1	s_3	s_3	s_3	s_2	s_2	s_1	s_2	s_3	s_4	s_1	s_0	s_1	s_2	s_3
FM_7	s_6	s_4	s_2	s_1	s_2	s_3	s_3	s_1	s_1	s_1	s_2	s_3	s_4	s_1	s_0	s_1	s_2	s_3

续表

故障	风险因子																	
	严重性						发生率						难检度					
	k_1	k_2	k_3	k_4	k_5	k_6	k_1	k_2	k_3	k_4	k_5	k_6	k_1	k_2	k_3	k_4	k_5	k_6
FM_8	s_6	s_4	s_2	s_1	s_3	s_3	s_3	s_3	s_2	s_1	s_2	s_3	s_4	s_2	s_1	s_1	s_1	s_2
FM_9	s_6	s_6	s_2	s_1	s_3	s_3	s_3	s_0	s_2	s_1	s_1	s_2	s_4	s_0	s_1	s_1	s_1	s_2
FM_{10}	s_3	s_4	s_2	s_2	s_3	s_3	s_3	s_4	s_3	s_2	s_4	s_4	s_3	s_1	s_1	s_1	s_2	s_3
FM_{11}	s_3	s_6	s_3	s_2	s_3	s_3	s_2	s_4	s_2	s_2	s_2	s_4	s_2	s_1	s_1	s_2	s_2	s_3
FM_{12}	s_4	s_6	s_3	s_1	s_4	s_3	s_2	s_2	s_1	s_1	s_1	s_3	s_3	s_2	s_0	s_1	s_1	s_3
FM_{13}	s_4	s_1	s_2	s_1	s_2	s_3	s_2	s_1	s_1	s_1	s_2	s_3	s_3	s_0	s_1	s_1	s_2	s_2
FM_{14}	s_1	s_5	s_1	s_1	s_2	s_3	s_1	s_4	s_3	s_1	s_2	s_3	s_4	s_2	s_0	s_1	s_2	s_3
FM_{15}	s_4	s_6	s_2	s_1	s_4	s_4	s_1	s_0	s_2	s_1	s_1	s_3	s_4	s_0	s_1	s_1	s_0	s_2
FM_{16}	s_4	s_6	s_2	s_1	s_4	s_3	s_1	s_2	s_1	s_1	s_1	s_2	s_4	s_0	s_2	s_1	s_3	s_2
FM_{17}	s_5	s_5	s_3	s_0	s_5	s_3	s_5	s_2	s_0	s_0	s_1	s_2	s_5	s_0	s_1	s_0	s_1	s_2
FM_{18}	s_6	s_5	s_2	s_1	s_4	s_3	s_3	s_2	s_2	s_1	s_1	s_2	s_5	s_0	s_2	s_1	s_1	s_2
FM_{19}	s_6	s_6	s_3	s_1	s_4	s_3	s_2	s_2	s_0	s_1	s_1	s_2	s_4	s_0	s_0	s_1	s_0	s_2
FM_{20}	s_4	s_5	s_1	s_2	s_3	s_3	s_1	s_2	s_0	s_2	s_2	s_3	s_2	s_0	s_0	s_2	s_1	s_2
FM_{21}	s_6	s_5	s_3	s_1	s_5	s_3	s_1	s_1	s_0	s_1	s_1	s_2	s_4	s_0	s_0	s_1	s_1	s_2
FM_{22}	s_6	s_5	s_3	s_1	s_5	s_3	s_1	s_1	s_0	s_1	s_2	s_2	s_6	s_0	s_2	s_1	s_1	s_2
FM_{23}	s_6	s_5	s_2	s_1	s_5	s_3	s_1	s_1	s_1	s_1	s_1	s_2	s_6	s_0	s_1	s_1	s_3	s_2
FM_{24}	s_6	s_5	s_2	s_1	s_3	s_3	s_1	s_1	s_0	s_1	s_1	s_2	s_6	s_0	s_1	s_1	s_3	s_2
FM_{25}	s_2	s_5	s_2	s_0	s_3		s_1	s_1	s_0	s_0	s_2		s_5	s_0	s_3	s_0	s_1	
FM_{26}	s_2	s_5	s_3	s_0	s_4		s_1	s_1	s_0	s_0	s_2		s_5	s_0	s_4	s_0	s_1	
FM_{27}	s_4	s_6	s_2	s_1	s_4	s_4	s_1	s_1	s_0	s_1	s_1	s_2	s_1	s_0	s_1	s_1	s_2	s_2
FM_{28}	s_6	s_6	s_5	s_1	s_6	s_4	s_1	s_3	s_0	s_1	s_1	s_2	s_1	s_0	s_0	s_1	s_1	s_2
FM_{29}	s_6	s_6	s_4	s_1	s_5		s_1	s_1	s_0	s_1	s_1		s_1	s_0	s_1	s_1	s_1	
FM_{30}	s_6	s_6	s_4	s_1	s_5		s_1	s_1	s_0	s_1	s_1		s_1	s_0	s_2	s_1	s_1	
FM_{31}	s_6	s_5	s_3	s_1	s_4		s_1	s_1	s_0	s_1	s_1		s_1	s_1	s_1	s_1	s_2	
FM_{32}	s_6	s_5	s_3	s_1	s_4		s_1	s_1	s_0	s_1	s_1		s_1	s_1	s_2	s_1	s_3	
FM_{33}	s_6	s_5	s_3	s_1	s_5		s_1	s_1	s_0	s_1	s_1		s_1	s_1	s_2	s_1	s_2	

注：空格表示专家未提供相应的语言评估变量。

表 7-4 专家对光伏发电系统潜在故障的粗糙云评估

故障		FM_1	FM_2	FM_3	…	FM_{31}	FM_{32}	FM_{33}
严重性	k_1	([0.611,1.000],0.067,0.036)	([0.375,0.625],0.031,0.017)	([0.333,0.611],0.033,0.018)		([0.633,1.000],0.064,0.035)	([0.633,1.000],0.064,0.035)	([0.667,1.000],0.065,0.036)
	k_2	([0.611,1.000],0.067,0.036)	([0.500,0.833],0.042,0.023)	([0.417,0.833],0.043,0.023)		([0.542,0.917],0.053,0.029)	([0.542,0.917],0.053,0.029)	([0.583,0.889],0.052,0.028)
	⋮	⋮	⋮	⋮	…			
	k_6	([0.417,0.834],0.050,0.027)	([0.433,0.750],0.035,0.019)	([0.333,0.611],0.033,0.018)	…			
发生率	k_1	([0.333,0.667],0.033,0.018)	([0.134,0.167],0.052,0.028)	([0.361,0.667],0.032,0.018)	…	([0.134,0.167],0.052,0.028)	([0.134,0.167],0.052,0.028)	([0.134,0.167],0.052,0.028)
	k_2	([0.267,0.417],0.034,0.018)	([0.333,0.548],0.028,0.016)	([0.300,0.584],0.031,0.017)	…	([0.134,0.167],0.052,0.028)	([0.134,0.167],0.052,0.028)	([0.134,0.167],0.052,0.028)
	⋮	⋮	⋮	⋮	…			
	k_6	([0.167,0.333],0.043,0.023)	([0.167,0.389],0.041,0.022)	([0.167,0.361],0.042,0.023)	…	([0.167,0.200],0.046,0.025)	([0.167,0.267],0.044,0.024)	([0.167,0.233],0.045,0.024)
难检度	k_1	([0.278,0.500],0.033,0.018)	([0.305,0.500],0.031,0.017)	([0.167,0.222],0.047,0.026)	…	([0.200,0.209],0.044,0.024)	([0.167,0.292],0.043,0.023)	([0.233,0.333],0.036,0.020)
	k_2	([0.233,0.375],0.038,0.021)	([0.266,0.300],0.043,0.023)	([0.222,0.333],0.039,0.021)	…	([0.167,0.200],0.046,0.025)	([0.267,0.333],0.037,0.020)	([0.233,0.278],0.039,0.021)
	⋮				…	⋮	⋮	⋮
	k_6	([0.000,0.278],0.062,0.034)	([0.000,0.305],0.061,0.034)	([0.000,0.222],0.064,0.035)				

表 7-5 光伏发电系统故障的群粗糙云评估

故障	严重性	发生率	难检度
FM_1	([0.398,0.815],0.0570.031)	([0.245,0.431],0.037,0.020)	([0.177,0.373],0.044,0.024)
FM_2	([0.350,0.650],0.036,0.022)	([0.294,0.490],0.032,0.018)	([0.228,0.367],0.042,0.023)
FM_3	([0.273,0.572],0.039,0.021)	([0.249,0.482],0.036,0.020)	([0.154,0.276],0.048,0.026)
FM_4	([0.415,0.704],0.088,0.062)	([0.417,0.584],0.026,0.015)	([0.301,0.465],0.033,0.018)
FM_5	([0.398,0.832],0.055,0.030)	([0.294,0.427],0.031,0.017)	([0.218,0.405],0.045,0.025)
FM_6	([0.440,0.785],0.052,0.028)	([0.294,0.427],0.031,0.017)	([0.195,0.395],0.049,0.027)
FM_7	([0.326,0.698],0.047,0.025)	([0.220,0.394],0.038,0.020)	([0.195,0.395],0.049,0.027)
FM_8	([0.355,0.716],0.046,0.025)	([0.315,0.459],0.029,0.016)	([0.221,0.403],0.040,0.022)

续表

故障	严重性	发生率	难检度
FM_9	([0.389,0.778],0.053,0.029)	([0.145,0.355],0.047,0.026)	([0.146,0.347],0.052,0.028)
FM_{10}	([0.406,0.539],0.025,0.014)	([0.481,0.626],0.026,0.015)	([0.232,0.368],0.038,0.021)
⋮	⋮	⋮	⋮
FM_{30}	([0.521,0.911],0.060,0.033)	([0.107,0.160],0.055,0.030)	([0.117,0.184],0.054,0.030)
FM_{31}	([0.424,0.827],0.051,0.028)	([0.107,0.160],0.055,0.030)	([0.174,0.202],0.046,0.025)
FM_{32}	([0.424,0.827],0.051,0.028)	([0.107,0.160],0.055,0.030)	([0.187,0.285],0.043,0.023)
FM_{33}	([0.467,0.847],0.053,0.029)	([0.107,0.160],0.055,0.030)	([0.194,0.262],0.042,0.023)

7.4.2 确定风险因子权重

根据式（7–19）~式（7–21），每个风险因子的客观权重计算过程如下。

首先，求出每个风险因子下的潜在故障风险评估平均值：

$$
\begin{aligned}
\widetilde{\mathrm{RC}}(y_{iS})_{\mathrm{mean}} &= \frac{1}{33}\sum_{i=1}^{33}\widetilde{\mathrm{RC}}(y_{iS}) \\
&= \left(\left[\frac{1}{33}\sum_{i=1}^{33}E_{xiS}^{\mathrm{L}},\frac{1}{33}\sum_{i=1}^{33}E_{xiS}^{\mathrm{U}}\right],\sqrt{\frac{1}{33}\sum_{i=1}^{33}(E_{niS})^2},\sqrt{\frac{1}{33}\sum_{i=1}^{33}(H_{eiS})^2}\right) \\
&= ([0.393,0.741],0.052,0.028)
\end{aligned}
$$

$$
\begin{aligned}
\widetilde{\mathrm{RC}}(y_{iO})_{\mathrm{mean}} &= \frac{1}{33}\sum_{i=1}^{33}\widetilde{\mathrm{RC}}(y_{iO}) \\
&= \left(\left[\frac{1}{33}\sum_{i=1}^{33}E_{xiO}^{\mathrm{L}},\frac{1}{33}\sum_{i=1}^{33}E_{xiO}^{\mathrm{U}}\right],\sqrt{\frac{1}{33}\sum_{i=1}^{33}(E_{niO})^2},\sqrt{\frac{1}{33}\sum_{i=1}^{33}(H_{eiO})^2}\right) \\
&= ([0.196,0.338],0.045,0.024)
\end{aligned}
$$

$$
\begin{aligned}
\widetilde{\mathrm{RC}}(y_{iD})_{\mathrm{mean}} &= \frac{1}{33}\sum_{i=1}^{33}\widetilde{\mathrm{RC}}(y_{iD}) \\
&= \left(\left[\frac{1}{33}\sum_{i=1}^{33}E_{xiD}^{\mathrm{L}},\frac{1}{33}\sum_{i=1}^{33}E_{xiD}^{\mathrm{U}}\right],\sqrt{\frac{1}{33}\sum_{i=1}^{33}(E_{niD})^2},\sqrt{\frac{1}{33}\sum_{i=1}^{33}(H_{eiD})^2}\right) \\
&= ([0.176,0.356],0.051,0.028)
\end{aligned}
$$

其次，每个风险因子下潜在故障的粗糙云评估方差为

$$V_S = \frac{1}{33}\sum_{i=1}^{33}[d\left(\widetilde{\mathrm{RC}}(y_{iS}),\widetilde{\mathrm{RC}}(y_{iS})_{\mathrm{mean}}\right]^2 = 0.008$$

$$V_O = \frac{1}{33}\sum_{i=1}^{33}[d\left(\widetilde{\mathrm{RC}}(y_{iO}),\widetilde{\mathrm{RC}}(y_{iO})_{\mathrm{mean}}\right]^2 = 0.017$$

$$V_D = \frac{1}{33}\sum_{i=1}^{33}[d\left(\widetilde{\mathrm{RC}}(y_{iD}),\widetilde{\mathrm{RC}}(y_{iD})_{\mathrm{mean}}\right]^2 = 0.005$$

最后，风险因子的客观权重为

$$w_S = V_S / \sum_{j=S,O,D} V_j = 0.008/(0.008+0.017+0.005)=0.266$$

$$w_O = V_O / \sum_{j=S,O,D} V_j = 0.017/(0.008+0.017+0.005)=0.559$$

$$w_D = V_D / \sum_{j=S,O,D} V_j = 0.005/(0.008+0.017+0.005)=0.175$$

7.4.3 计算光伏发电系统潜在故障风险优先级

第一步，根据式（7–22）及上文计算出的风险因子权重，可得到加权群粗糙云评估矩阵，见表 7–6。

第二步，根据式（7–23）和式（7–24）识别出加权群粗糙云评估矩阵的正理想解和负理想解，见表 7–7。

第三步，根据式（7–25）和式（7–26），分别计算每个光伏发电系统的潜在故障与正理想解和负理想解之间的距离，见表 7–8。

表 7–6 光伏发电系统潜在故障的加权群粗糙云评估矩阵

故障	严重性	发生率	难检度
FM_1	([0.106,0.217],0.029,0.016)	([0.137,0.241],0.027,0.015)	([0.031,0.065],0.019,0.010)
FM_2	([0.093,0.173],0.019,0.012)	([0.164,0.274],0.024,0.013)	([0.040,0.064],0.017,0.010)
FM_3	([0.073,0.152],0.020,0.011)	([0.139,0.269],0.027,0.015)	([0.027,0.048],0.020,0.011)
FM_4	([0.110,0.187],0.045,0.032)	([0.233,0.326],0.020,0.011)	([0.053,0.081],0.014,0.008)
FM_5	([0.106,0.222],0.028,0.015)	([0.164,0.238],0.023,0.013)	([0.038,0.071],0.019,0.010)
FM_6	([0.117,0.209],0.027,0.015)	([0.164,0.238],0.023,0.013)	([0.034,0.069],0.020,0.011)
FM_7	([0.087,0.186],0.024,0.013)	([0.123,0.220],0.028,0.015)	([0.034,0.069],0.020,0.011)
FM_8	([0.094,0.191],0.024,0.013)	([0.176,0.257],0.022,0.012)	([0.039,0.070],0.017,0.009)
FM_9	([0.104,0.207],0.027,0.015)	([0.081,0.198],0.035,0.019)	([0.026,0.061],0.022,0.012)

续表

故障	严重性	发生率	难检度
FM_{10}	([0.108,0.144],0.013,0.007)	([0.269,0.350],0.020,0.011)	([0.041,0.064],0.016,0.009)
⋮	⋮	⋮	⋮
FM_{30}	([0.139,0.243],0.031,0.017)	([0.060,0.090],0.041,0.022)	([0.020,0.032],0.023,0.012)
FM_{31}	([0.113,0.220],0.026,0.014)	([0.060,0.090],0.041,0.022)	([0.030,0.035],0.019,0.010)
FM_{32}	([0.113,0.220],0.026,0.014)	([0.060,0.090],0.041,0.022)	([0.033,0.050],0.018,0.010)
FM_{33}	([0.124,0.226],0.027,0.015)	([0.060,0.090],0.041,0.022)	([0.034,0.046],0.018,0.010)

表 7-7 正理想解和负理想解

风险因子	正理想解	负理想解
严重性	0.154	0.059
	0.250	0.128
	0.013	0.045
	0.007	0.032
发生率	0.269	0.034
	0.350	0.090
	0.020	0.044
	0.011	0.024
难检度	0.053	0.012
	0.089	0.028
	0.014	0.027
	0.008	0.015

表 7-8 距正负理想解的距离

故障	距正理想解的距离	距负理想解的距离
FM_1	0.151	0.187
FM_2	0.128	0.212
FM_3	0.160	0.183
FM_4	0.115	0.270
FM_5	0.131	0.207

续表

故障	距正理想解的距离	距负理想解的距离
FM_6	0.132	0.207
FM_7	0.175	0.164
FM_8	0.125	0.215
FM_9	0.209	0.138
FM_{10}	0.079	0.303
⋮	⋮	⋮
FM_{30}	0.277	0.128
FM_{31}	0.278	0.114
FM_{32}	0.276	0.116
FM_{33}	0.275	0.123

第四步，根据式（7–27）得到光伏发电系统的每个潜在故障的贴近度系数，见表 7–9。该贴近度系数即潜在故障的风险优先级。可以看到，阴影（FM_{10}）、热斑（FM_{11}）、电池片隐裂（FM_4）、焊带虚焊（FM_8）、封装材料变色（FM_2）和背板龟裂粉化（FM_5）是光伏发电系统风险优先级排名前六的故障模式，而且这些潜在故障主要集中在光伏组件部分。阴影是发电系统发生风险最大的潜在故障，可由建筑物遮挡、灰尘附着组件表面、雾气遮挡等原因造成。项目管理人员应提前采取风险防控措施，降低故障发生的概率，如定期检查组件表面是否有附着物、使用清水及时清理等。其他故障的风险防控措施类似，找准潜在故障发生的原因，提前采取措施降低故障发生风险，延长电站寿命。

表 7–9　不同方法下的光伏发电系统潜在故障风险排序结果

故障	粗糙云 TOPSIS		云 TOPSIS		粗糙 TOPSIS		模糊 TOPSIS	
	cci	排序	cci	排序	cci	排序	cci	排序
FM_1	0.553	9	0.528	8	0.481	9	0.516	8
FM_2	0.624	5	0.529	7	0.489	8	0.520	7

续表

故障	粗糙云 TOPSIS		云 TOPSIS		粗糙 TOPSIS		模糊 TOPSIS	
	cci	排序	cci	排序	cci	排序	cci	排序
FM_3	0.534	10	0.384	25	0.420	19	0.435	27
FM_4	0.7	3	0.686	1	0.596	1	0.620	1
FM_5	0.611	6	0.580	5	0.507	5	0.541	5
FM_6	0.611	7	0.581	4	0.506	6	0.544	4
FM_7	0.483	13	0.436	14	0.459	13	0.488	16
FM_8	0.633	4	0.547	6	0.511	4	0.523	6
FM_9	0.397	17	0.407	19	0.432	17	0.465	19
FM_{10}	0.793	1	0.628	2	0.559	2	0.574	2
FM_{11}	0.727	2	0.625	3	0.534	3	0.551	3
FM_{12}	0.483	12	0.470	11	0.453	14	0.492	13
FM_{13}	0.4	16	0.289	31	0.372	30	0.396	33
FM_{14}	0.566	8	0.432	15	0.477	10	0.491	14
FM_{15}	0.373	23	0.375	26	0.409	22	0.455	22
FM_{16}	0.384	18	0.431	16	0.453	15	0.489	15
FM_{17}	0.422	14	0.415	18	0.451	16	0.501	12
FM_{18}	0.513	11	0.504	9	0.481	9	0.513	9
FM_{19}	0.374	19	0.402	22	0.410	21	0.460	20
FM_{20}	0.37	20	0.347	28	0.373	29	0.428	29
FM_{21}	0.323	24	0.387	24	0.402	24	0.454	23
FM_{22}	0.363	21	0.456	12	0.472	11	0.503	11
FM_{23}	0.362	22	0.453	13	0.491	7	0.504	10
FM_{24}	0.305	29	0.394	23	0.467	12	0.480	17
FM_{25}	0.181	33	0.234	32	0.384	27	0.412	32
FM_{26}	0.21	32	0.302	30	0.411	20	0.458	21
FM_{27}	0.308	28	0.333	29	0.369	32	0.415	31
FM_{28}	0.412	15	0.476	10	0.421	18	0.472	18
FM_{29}	0.316	26	0.413	19	0.381	28	0.430	28
FM_{30}	0.317	25	0.424	17	0.391	26	0.442	26

续表

故障	粗糙云 TOPSIS		云 TOPSIS		粗糙 TOPSIS		模糊 TOPSIS	
	cci	排序	cci	排序	cci	排序	cci	排序
FM_{31}	0.29	31	0.372	27	0.371	31	0.421	30
FM_{32}	0.296	30	0.404	21	0.405	23	0.452	24
FM_{33}	0.309	27	0.411	20	0.396	25	0.445	25

7.5 模型先进性分析

为了验证本章所开发的光伏发电系统故障风险评估模型（粗糙云TOPSIS）的先进性，本节同时应用其他多属性决策方法计算潜在故障的风险优先级。本章提出的方法集成了云模型理论和粗糙集理论在处理专家评估判断不确定性方面的优势。为验证该方法的优越性，另将传统的TOPSIS方法、基于模糊集理论的TOPSIS方法（简称“模糊TOPSIS”）、基于云模型的TOPSIS方法（简称“云TOPSIS”）及基于粗糙集理论的TOPSIS方法（简称“粗糙TOPSIS”）用来计算潜在故障的风险优先级。表7-9和图7-5展示了不同方法下的光伏发电系统潜在故障的风险优先级。显然，所有方法的所得结果都表明，潜在故障FM_4、FM_{10}和FM_{11}的风险等级排在前三名。这说明了本章所提方法是有效的。此外，其他潜在故障在各方法中的风险排序结果差异较大，具体分析如图7-5所示。本章所提方法在处理专家判断不确定性方面的优势经验证是依次递进的。

首先，本书比较了粗糙TOPSIS方法和模糊TOPSIS方法。两种方法的优劣势更加详尽的比较见第5章。粗糙集理论处理的模糊性实际上是专家间不确定性，而模糊集理论处理的模糊性是内在不确定性[81]。此外，粗糙集理论在不需要其他任何额外信息的情况下可处理专家判断的模糊性，方法更加灵活和客观。相比之下，模糊集理论在处理模糊判断之前需要先验信息，如模糊隶属函数和模糊规则，这些函数和规则由专家事先确定且非常耗时。

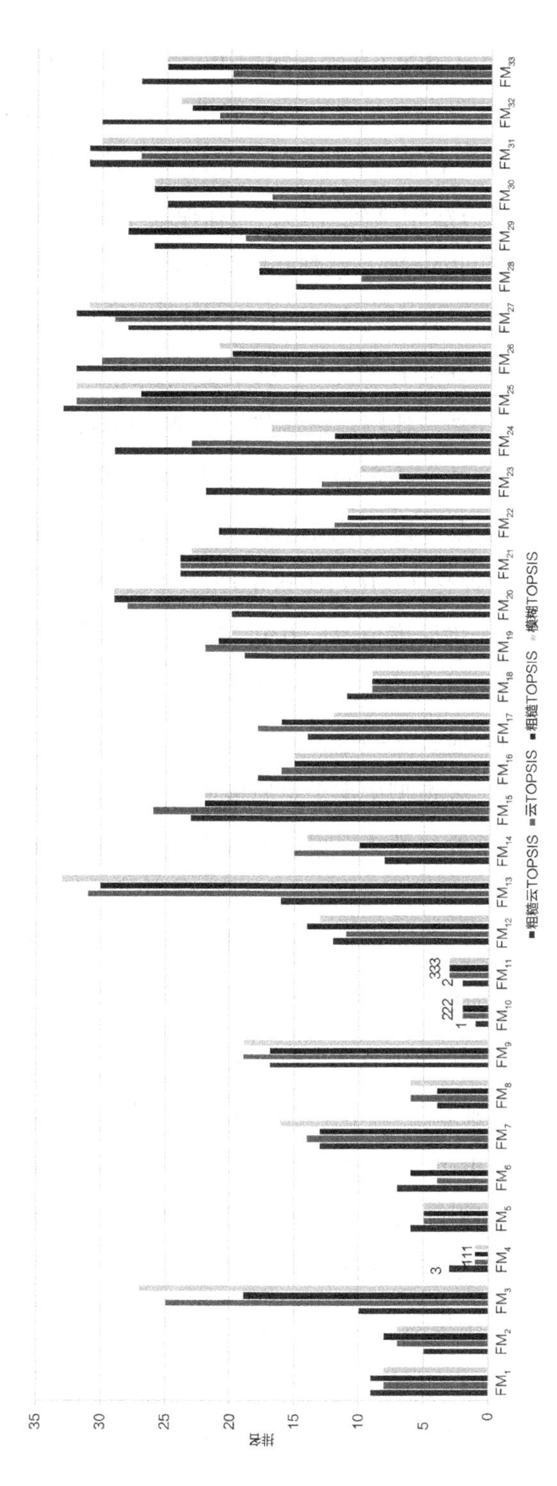

图 7–5 不同方法下的光伏发电系统潜在故障风险排序

其次，比较了云 TOPSIS 方法和模糊 TOPSIS 方法。如图 7–5 所示，两种方法中大部分光伏发电系统潜在故障的排名不同。例如，潜在故障 FM_3 在云 TOPSIS 方法中排名第 25，在模糊 TOPSIS 方法中排名第 27；潜在故障 FM_7 在云 TOPSIS 方法中排名第 14，而在模糊 TOPSIS 方法中排名第 16。尽管这两种方法都可以处理专家判断中的模糊性，但是云 TOPSIS 方法克服了模糊集理论中假设隶属度为确定值的局限性，认为隶属度值围绕某个中心值变动，也是不确定的。图 7–6 展示了三位专家对潜在故障 FM_1 难检度的模糊评估和云评估对比图。很显然，模糊评估区间中每一个数值对应的隶属度值都是唯一的、确定的，而云评估区间中的每一个数值对应的隶属度值都是一系列散点，具有不确定性。例如，0.2 是专家 1 提供的模糊评估（0,0.1,0.3）和云评估（0.167,0.048,0.026）中数值之一。显然，在模糊集理论中，只有一个隶属度值对应 0.2；而在云模型中，0.2 的隶属度值是不确定的，由许多点组成，具有一定的随机性。语言术语到数值的转换若仅有一个隶属度值对应，从一定程度上表明是确定的，不符合模糊集理论中的不确定性假设。云模型中多个隶属度值对应某个数值符合实际中关于不确定性的假设。因此，基于云模型的方法在处理专家判断的不确定性方面更为准确。

从以上分析发现，云模型理论和粗糙集理论在处理不确定性的某些方面时均优于模糊集理论。因而，本书提出的粗糙云 TOPSIS 方法结合了云模型理论和粗糙集理论的优点，可以同时处理内在不确定性（随机性和模糊性）和专家间不确定性。如图 7–5 所示，粗糙云 TOPSIS 与其他两种方法（即粗糙 TOPSIS 和云 TOPSIS）的光伏发电系统潜在故障风险排名有所不同。例如，FM_4 在粗糙云 TOPSIS 方法中排名第 3，而在其他两种方法中排名第 1；FM_{13} 在粗糙云 TOPSIS 方法中排名第 16，而在云 TOPSIS 中排第 31，在粗糙 TOPSIS 中排第 30。为了更进一步展示粗糙云 TOPSIS 方法的优势，图 7–7 绘制了不同方法下每个光伏发电系统潜在故障风险与排名第 1 的潜在故障风险间的偏差度。从图中可明显看到，粗糙云 TOPSIS 方法产

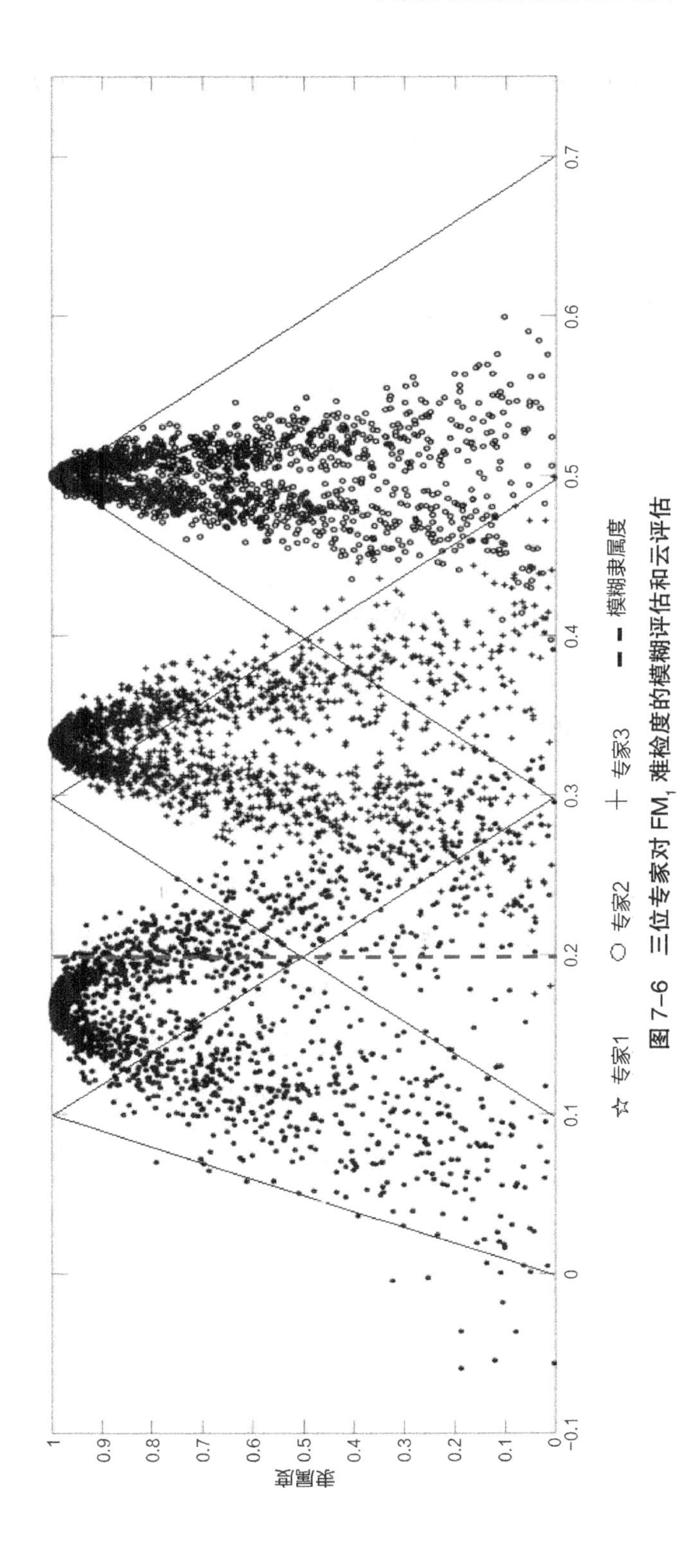

图 7–6　三位专家对 FM_1 难检度的模糊评估和云评估

生的潜在故障风险偏差要高于其他方法，并且偏差度曲线也更为波动。说明本书所构建的光伏发电系统潜在故障风险评估方法对不同故障的识别性更高。

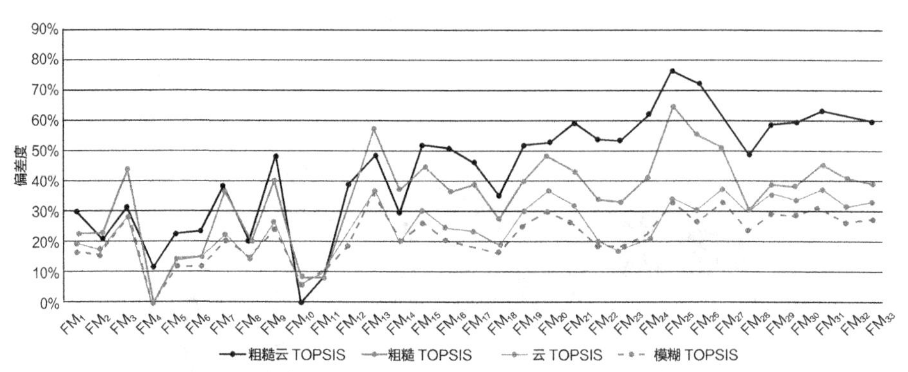

图 7–7　不同方法产生的潜在故障风险与风险最大潜在故障间的偏差度

7.6　本章小结

在改进传统 FMEA 方法的基础上，本章开发了一种光伏发电系统潜在故障识别和风险评估模型。通过专家讨论和文献查询，本章识别了涵盖光伏发电系统的所有部件的潜在故障事件。此外，考虑到传统 FMEA 方法在专家模糊评估的局限性，构建了改进 FMEA 方法。该方法集成了粗糙集理论、云模型理论和 TOPSIS 方法，可同时处理专家判断的内在不确定性和专家间不确定性。最后，本章邀请数名光伏行业业内人士对光伏发电系统的潜在故障严重性、发生率和难检度进行评估，通过与其他改进的 FMEA 方法结果进行比较，验证本章提出的光伏发电系统潜在故障风险评估模型的可行性和先进性。

8 总结和展望

8.1 总结

我国光伏发电经历二十年的发展，已成为较为稳定的可再生能源发电形式，然而光伏发电项目的运行表现与决策者在项目生命周期各个阶段的决策效果密切相关。优化项目生命周期各阶段的决策对提升光伏发电项目未来运营水平具有重要的理论和现实意义。考虑到光伏发电项目决策者在决策过程中会受到自身认知和专业限制及外界不确定因素的影响，很难作出准确判断，需要通过创新和优化决策方法及工具来提升项目决策水平。基于此，本书以项目生命周期理论和决策理论为基础，通过开发综合决策模型与方法，构建了光伏发电项目生命周期决策分析框架，同时将提出的模型与方法具体应用到实际项目决策案例中，以证明其可行性和有效性。具体研究总结如下。

（1）构建了基于生命周期阶段的光伏发电项目管理决策框架。在对我国光伏发电项目发展情况和存在问题进行分析的基础上，认为出现“弃光限电”等问题的主要原因之一是项目管理决策水平不高，对项目生命周期各阶段的关键决策点判断不准确。同时，通过对以往研究中关于光伏发电项目决策方法的回顾，提出应创新可处理各类不确定信息的决策模型和方法，提高模型的决策力度。基于此，提出了综合的光伏发电项目管理决策框架，以提升项目未来运营水平为目标识别了项目生命周期不同阶段的关键决策点，即项目前期的风险评估和选址决策、项目建设阶段的光伏组件供应商评估及项目运营阶段的光伏发电系统故障识别和风险评估，通过创新各阶段的决策方法和技术来提高关键决策点的决策水平。

（2）开发了光伏发电项目前期风险评估模型。在项目启动前，决策者有必要对项目可能发生的风险事件进行识别和评估，针对高风险事件提前采取风险管控措施以降低其对项目未来运营的影响。本书以光伏发电项目生命周期为视角，识别了项目不同阶段可能发生的风险事件，邀请多名领域专家对潜在风险事件的严重度、发生率和难检度进行评估，最后采用FMEA方法衡量了它们的风险优先级。结果显示，能源政策变化、光伏电价补贴不到位、电费结算滞后是决策者最需密切关注的光伏发电项目风险事件，符合当前我国光伏行业朝阳性特征及行业发展的突出问题。此外，在衡量风险事件优先级之前，通过实验方法验证了专家小组成员的不同合作方式对决策效果的影响，结果表明集成多名专家独立判断与面对面小组决策表现无差异。因而，采用专家独立决策后再运用一定的集成算法综合不同专家意见对项目管理者来说更方便、沟通成本更低。该实验也为其他章节集成专家评估提供了依据和理论基础。

（3）构建了光伏发电项目前期电站选址决策模型。项目前期的另一个关键决策点为光伏电站选址决策，区位选择对电站发电量、经济、环境和社会效益产生着重要影响。本书分别从光照资源、经济、环境和社会方面识别了光伏发电项目区位选择的影响因素，并构建了光伏电站备选区位的综合评估指标体系。考虑到专家决策过程中的模糊和不确定信息，以及认知有限，提出了可变精度粗糙集来表示专家判断的主观性；并考虑到专家的有限理性，结合前景理论，改进了TOPSIS方法。基于此，提出了基于可变精度粗糙集和前景理论的TOPSIS方法，对模糊环境中的光伏发电项目备选区位进行了评估，从而减少了专家在不确定环境中主观判断对最终结果的影响。通过案例分析显示，首先光照时间和政策支持为光伏电站选址最重要的指标，其次为太阳辐射度和成本。最后的先进性分析发现本书提出的方法在处理不确定信息方面具有比较优势，获得的光伏电站区位排名更加准确。

（4）构建了项目建设期光伏组件供应商选择决策模型。项目建设阶段的关键决策点为光伏组件供应商评估，供应商提供的组件质量水平和制造过程中的隐含污染排放量直接影响着项目运营期的发电量、维护成本及环境效益。我国光伏组件生产仍存在较多问题，如与技术发达国家仍有较大差距、高效太阳能电池设备制造能力不足、产品质量良莠不齐、缺乏对光伏设备供应商的可持续管理等。光伏电站对设备质量要求高，再加上项目可持续管理要求，必须对光伏组件供应商进行选择。本书将可持续供应链管理实践作为光伏组件供应商早期开发的评估指标，从可持续发展的三个维度（经济、环境和社会）出发，对可持续供应链管理实践进行了总结、归纳和分类。考虑到专家判断的模糊性和有限理性，本书构建了可变精度粗糙 TODIM 方法对备选的光伏组件供应商可持续发展水平进行了评估和比较。与以往模型不同的是，运用 OWA 算子集成了不同专家的评估值，并通过仿真分析验证了 OWA 算子可有效降低极端评估值对最终结果的影响。

（5）构建了项目运营期光伏发电系统故障风险决策模型。项目运营阶段的关键决策点为光伏发电系统故障识别和风险评估，发电系统运行的稳定性和可靠性决定着光伏电站的发电效率、发电量和电站寿命。然而，我国光伏电站管理存在重建设、轻运维的现象。电站运行的可靠性已成为制约光伏发电项目可持续发展的重要因素之一。本书通过专家咨询和文献查阅的方法收集了光伏发电系统运行过程中的潜在故障，分析了它们发生的后果及原因。在此基础上，提出了以粗糙集和云模型为基础的 FMEA 方法对潜在故障模式的严重性、发生率和难检度进行评估。该方法可同时处理专家风险评估中的主观性、模糊性及随机性特征，使得光伏发电系统潜在故障风险优先级结果更加准确。结果显示，阴影、热斑、电池片隐裂、焊带虚焊、封装材料变色和背板龟裂粉化等故障模式的发生风险最高，产生的结果更为严重。项目管理人员应找准发生原因，提前采取风险防控措施，以降低故障发生风险，延长电站寿命。

8.2 展望

光伏发电项目的质量是电站安全运营水平的基础，是实现光伏电站健康发展的关键。提升项目管理者的决策水平是保证项目质量的前提。本书以生命周期理论为基础，构建了光伏发电项目管理决策框架，通过创新决策方法和技术提高光伏发电项目管理决策水平。然而，由于研究时间和作者专业的限制，本书还存在以下几方面需要进一步完善。

（1）由于时间限制，本书缺乏对光伏发电项目生命周期的设计阶段和废弃物回收阶段的深入探索。因此，未来将结合相关文献和具体实例，深入研究光伏发电项目设计阶段和废弃物回收阶段的关键决策问题，为光伏发电项目可持续发展提供技术支撑。

（2）光伏发电项目各阶段的关键决策点还需要再进一步深入研究。对于每一个关键决策点，项目的风险评估、区位选择、供应商评估和系统可靠性评估，都是复杂的系统问题，需要考虑的细节还很多，如本书的组件供应商选择适合早期供应商开发，对后期供应商选择还有其他细节需要研究。因此，本书构建的评估指标体系有待进一步完善。

（3）本书的研究更偏重于理论和决策方法创新。虽然作者长期从事光伏发电项目的决策方法创新和应用研究，但对光伏发电项目的公开数据资料获取困难，造成本书的数据收集更偏重主观评价，缺乏由客观数据支撑的实证分析。

（4）本书中一些章节设计的模型和方法算法较为复杂，在实际应用中存在操作不便和自动化程度低的问题，尤其对缺乏数学基础和计算机基础的工作人员来说，应用本书的模型存在较大的困难。因此，未来将开发光伏发电项目的开发和管理决策系统，将本书提出的评估指标体系、模型等融入系统中，减轻项目组成员的工作负担，提高决策效率。

参考文献

[1] WANG M, MAO X, XING Y, et al. Breaking down barriers on PV trade will facilitate global carbon mitigation[J]. Nature Communications, 2021, 12（1）: 1–16.

[2] 朱林 , 吴菲 , 李健 . 国内外光伏发电站环境影响评价方法简析 [J]. 环境科学与管理 , 2012, 37（1）: 173–178.

[3] 彭志刚 . 光伏建筑一体化在城市应用中光反射问题的探讨 [J]. 上海节能 , 2010（2）: 22–25.

[4] ARAGONÉS–BELTRÁN P, CHAPARRO–GONZÁLEZ F, PASTOR–FERRANDO J P, et al. An ANP–based approach for the selection of photovoltaic solar power plant investment projects[J]. Renewable and Sustainable Energy Reviews, 2010, 14（1）: 249–264.

[5] LUETHI S. Effective deployment of photovoltaics in the Mediterranean countries: balancing policy risk and return[J]. Solar Energy, 2010, 84（6）: 1059–1071.

[6] HAZELTON J, BRUCE A, MACGILL I. A review of the potential benefits and risks of photovoltaic hybrid mini–grid systems[J]. Renewable Energy, 2014, 67: 222–229.

[7] KAYSER D. Solar photovoltaic projects in China: High investment risks and the need for institutional response[J]. Applied Energy, 2016, 174: 144–152.

[8] 郭哲 . 基于灰色网络分析法的光伏电站建设项目风险管理研究 [D]. 昆明：昆明理工大学 , 2017.

[9] 邢春明 . 光伏电站项目效益分析及风险评估研究 [D]. 北京：华北电

力大学，2017.

[10] FIROOZI E, EGHTESADIFARD M. Identifying and assessing risks affecting the development of Iranian low–and medium–voltage solar photovoltaic power plants: using incentive schemes for risk mitigation[J]. International Journal of Ambient Energy, 2021: 1–17.

[11] GAO J, GUO F, LI X, et al. Risk assessment of offshore photovoltaic projects under probabilistic linguistic environment[J]. Renewable Energy, 2021, 163: 172–187.

[12] GUNDERSON I, GOYETTE S, GAGO–SILVA A, et al. Climate and land–use change impacts on potential solar photovoltaic power generation in the Black Sea region[J]. Environmental Science & Policy, 2015, 46: 70–81.

[13] VAFAEIPOUR M, ZOLFANI S H, VARZANDEH M H M, et al. Assessment of regions priority for implementation of solar projects in Iran: New application of a hybrid multi–criteria decision making approach[J]. Energy Conversion and Management, 2014, 86: 653–663.

[14] MARION B, DECEGLIE M G, SILVERMAN T J. Analysis of measured photovoltaic module performance for Florida, Oregon, and Colorado locations[J]. Solar Energy, 2014, 110: 736–744.

[15] AYDIN N Y, KENTEL E, DUZGUN H S. GIS–based site selection methodology for hybrid renewable energy systems: A case study from western Turkey[J]. Energy Conversion and Management, 2013, 70: 90–106.

[16] CARRIÓN J A, ESTRELLA A E, DOLS F A, et al. Environmental decision–support systems for evaluating the carrying capacity of land areas: Optimal site selection for grid–connected photovoltaic power plants [J]. Renewable and Sustainable Energy Reviews, 2008, 12（9）: 2358–2380.

[17] UYAN M. GIS–based solar farms site selection using analytic hierarchy process（AHP）in Karapinar region, Konya/Turkey[J]. Renewable and Sustainable

Energy Reviews, 2013, 28: 11–17.

[18] TAHRI M, HAKDAOUI M, MAANAN M. The evaluation of solar farm locations applying Geographic Information System and Multi–Criteria Decision–Making methods: Case study in southern Morocco[J]. Renewable and Sustainable Energy Reviews, 2015, 51: 1354–1362.

[19] DONG J, FENG T T, YANG Y S, et al. Macro–site selection of wind/solar hybrid power station based on ELECTRE– Ⅱ [J]. Renewable and Sustainable Energy Reviews, 2014, 35: 194–204.

[20] COLAK H E, MEMISOGLU T, GERCEK Y. Optimal site selection for solar photovoltaic（PV）power plants using GIS and AHP: A case study of Malatya Province, Turkey[J]. Renewable energy, 2020, 149: 565–576.

[21] ZAMBRANO–ASANZA S, QUIROS–TORTOS J, FRANCO J F. Optimal site selection for photovoltaic power plants using a GIS–based multi–criteria decision making and spatial overlay with electric load[J]. Renewable and Sustainable Energy Reviews, 2021, 143: 110853.

[22] WU Y N, GENG S. Multi–criteria decision making on selection of solar–wind hybrid power station location: a case of China[J]. Energy Conversion and Management, 2014, 81: 527–533.

[23] LEE A H, KANG H Y, LIOU Y J. A hybrid multiple–criteria decision–making approach for photovoltaic solar plant location selection[J]. Sustainability, 2017, 9（2）: 184.

[24] GAMBOA G, MUNDA G. The problem of windfarm location: A social multi–criteria evaluation framework[J]. Energy policy, 2007, 35（3）: 1564–1583.

[25] CHANG C T. Multi–choice goal programming model for the optimal location of renewable energy facilities[J]. Renewable and Sustainable Energy Reviews, 2015, 41: 379–389.

[26] WU Y, GENG S, ZHANG H, et al. Decision framework of solar thermal

power plant site selection based on linguistic Choquet operator[J]. Applied Energy, 2014, 136: 303-311.

[27] CARRERA D G, MACK A. Sustainability assessment of energy technologies via social indicators: Results of a survey among European energy experts[J]. Energy policy, 2010, 38（2）: 1030-1039.

[28] FERNANDEZ-JIMENEZ L A, MENDOZA-VILLENA M, ZORZANO-SANTAMARIA P, et al. Site selection for new PV power plants based on their observability[J]. Renewable Energy, 2015, 78: 7-15.

[29] MALEKI A, POURFAYAZ F, HAFEZNIA H, et al. A novel framework for optimal photovoltaic size and location in remote areas using a hybrid method: a case study of eastern Iran[J]. Energy Conversions and Management, 2017, 153: 129-143.

[30] AGYEKUM E B, AMJAD F, SHAH L, et al. Optimizing photovoltaic power plant site selection using analytical hierarchy process and density-based clustering-Policy implications for transmission network expansion, Ghana[J]. Sustainable Energy Technologies and Assessments, 2021, 47: 101521.

[31] ZAMBRANO-ASANZA S, QUIROS-TORTOS J, FRANCO J F. Optimal site selection for photovoltaic power plants using a GIS-based multi-criteria decision making and spatial overlay with electric load[J]. Renewable and Sustainable Energy Reviews, 2021, 143: 110853.

[32] DAGDEVIREN M, YAVUZ S, KILINÇ N. Weapon selection using the AHP and TOPSIS methods under fuzzy environment[J]. Expert System Application, 2009, 36（4）: 8143-8151.

[33] SÁNCHEZ-LOZANO J M, GARCÍA-CASCALES M S, LAMATA M T. Evaluation of suitable locations for the installation of solar thermoelectric power plants[J]. Computers & Industrial Engineering, 2015, 87: 343-355.

[34] ZOGHI M, EHSANI A H, SADAT M, et al. Optimization solar site

selection by fuzzy logic model and weighted linear combination method in arid and semi–arid region: a case study Isfahan–IRAN[J]. Renewable & Sustainable Energy Reviews, 2017, 68: 986–996.

[35] WU Y, ZHANG J, YUAN J, ET AL. Study of decision framework of offshore wind power station site selection based on ELECTRE– Ⅲ under intuitionistic fuzzy environment: A case of China[J]. Energy Conversions and Management, 2016, 113: 66–81.

[36] DANG R, LI X, LI C, et al. A MCDM framework for site selection of island photovoltaic charging station based on new criteria identification and a hybrid fuzzy approach[J]. Sustainable Cities and Society, 2021, 74: 103230.

[37] ZHAI L Y, KHOO L P, ZHONG Z W. A rough set enhanced fuzzy approach to quality function deployment[J]. International Journal of Advanced Manufacturing Technology, 2008, 37（5–6）: 613–624.

[38] SONG W, SAKAO T. An environmentally conscious PSS recommendation method based on users’ vague ratings: A rough multi–criteria approach[J]. Journal Cleaner Production, 2018, 172: 1592–1606.

[39] SONG W, MING X, LIU H C. Identifying critical risk factors of sustainable supply chain management: A rough strength–relation analysis method[J]. Journal Cleaner Production, 2017, 143: 100–115.

[40] LI J, FANG H, SONG W. Sustainability evaluation via variable precision rough set approach: A photovoltaic module supplier case study[J]. Journal Cleaner Production, 2018, 192: 751–765.

[41] 李惠民，董文娟，朱岩，等. 晶硅光伏组件出口对中国碳排放的影响 [J]. 中国人口 . 资源与环境，2012, 03: 74–80.

[42] DUBEY S, JADHAV N Y, ZAKIROVA B. Socio–economic and environmental impacts of silicon based photovoltaic（PV）technologies[J]. Energy Procedia, 2013, 33: 322–334.

[43] SONG W, XU Z, LIU H C. Developing sustainable supplier selection criteria for solar air-conditioner manufacturer: An integrated approach[J]. Renewable and Sustainable Energy Reviews, 2017, 79: 1461–1471.

[44] LINTON J D, KLASSEN R, JAYARAMAN V. Sustainable supply chains: An introduction[J]. Journal of Operations Management, 2007, 25（6）: 1075–1082.

[45] BEAMON B M. Designing the green supply chain[J]. International Journal of Logistics Management, 1999, 12（4）: 322–342.

[46] AHI P, SEARCY C. An analysis of metrics used to measure performance in green and sustainable supply chains[J]. Journal of Cleaner Production, 2015, 86: 360–377.

[47] VACHON S, KLASSEN R D. Environmental management and manufacturing performance: The role of collaboration in the supply chain[J]. International Journal of Production Economics, 2008, 111（2）: 299–315.

[48] KUMAR P, SINGH R K, VAISH A. Suppliers' green performance evaluation using fuzzy extended ELECTRE approach[J]. Clean Technologies and Environmental Policy, 2017, 19（3）: 809–821.

[49] TSENG M L. Green supply chain management with linguistic preferences and incomplete information[J]. Applied Soft Computing, 2011, 11（8）: 4894–4903.

[50] LUTHRA S, GOVINDAN K, KANNAN D, et al. An integrated framework for sustainable supplier selection and evaluation in supply chains[J]. Journal of Cleaner Production, 2017, 140: 1686–1698.

[51] SARKIS J, DHAVALE D G. Supplier selection for sustainable operations: A triple-bottom-line approach using a Bayesian framework[J]. International Journal of Production Economics, 2015, 166: 177–191.

[52] ONAR S C, OZTAYSI B, OTAY İ, et al. Multi-expert wind energy

technology selection using interval–valued intuitionistic fuzzy sets[J]. Energy, 2015, 90, 274–285.

[53] BÜYÜKÖZKAN G, KARABULUT Y. Energy project performance evaluation with sustainability perspective[J]. Energy, 2017, 119: 549–560.

[54] KAHRAMAN C, KAYA İ. A fuzzy multicriteria methodology for selection among energy alternatives[J]. Expert Systems with Applications, 2010, 37（9）: 6270–6281.

[55] LEE A H, KANG H Y, HSU C F, et al. A green supplier selection model for high–tech industry[J]. Expert Systems with Applications, 2009, 36（4）: 7917–7927.

[56] AKADIRI P O, OLOMOLAIYE P O, CHINYIO E A. Multi–criteria evaluation model for the selection of sustainable materials for building projects[J]. Automation in Construction, 2013, 30: 113–125.

[57] AHMADI H B., PETRUDI S H H., WANG X. Integrating sustainability into supplier selection with analytical hierarchy process and improved grey relational analysis: a case of telecom industry[J]. The international Journal of Advanced Manufacturing Technology, 2017, 90（9–12）: 2413–2427.

[58] ATMACA E, BASAR H B. Evaluation of power plants in Turkey using Analytic Network Process（ANP）[J]. Energy, 2012, 44（1）: 555–563.

[59] YAO H, SHEN L, TAN Y, et al. Simulating the impacts of policy scenarios on the sustainability performance of infrastructure projects[J]. Automation in Construction, 2011, 20（8）: 1060–1069.

[60] BARATA J F F, QUELHAS O L G, COSTA H G, et al. Multi–criteria indicator for sustainability rating in suppliers of the oil and gas industries in Brazil[J]. Sustainability, 2014, 6（3）: 1107–1128.

[61] HONG J, ZHANG Y, DING M. Sustainable supply chain management practices, supply chain dynamic capabilities, and enterprise performance[J].

Journal of Cleaner Production, 2018, 172: 3508–3519.

[62] KANNAN D, KHODAVERDI R, OLFAT L, et al. Integrated fuzzy multi criteria decision making method and multi–objective programming approach for supplier selection and order allocation in a green supply chain[J]. Journal of Cleaner Production, 2013, 47: 355–367.

[63] DEY P K, CHEFFI W. Green supply chain performance measurement using the analytic hierarchy process: a comparative analysis of manufacturing organizations[J]. Production Planning & Control, 2013, 24（8–9）: 702–720.

[64] HSU C W, HU A H. Applying hazardous substance management to supplier selection using analytic network process[J]. Journal of Cleaner Production, 2009, 17（2）: 255–264.

[65] STEVIĆ Ž, PAMUČAR D, PUŠKA A, et al. Sustainable supplier selection in healthcare industries using a new MCDM method: Measurement of alternatives and ranking according to COmpromise solution（MARCOS）[J]. Computers & Industrial Engineering, 2020, 140: 106231.

[66] ZIMMER K, FRO€HLING M, SCHULTMANN F. Sustainable supplier management: a review of models supporting sustainable supplier selection, monitoring and development[J]. International Journal of Production Research, 2016, 54（5）: 1412–1442.

[67] KILINCCI O, ONAL S A. Fuzzy AHP approach for supplier selection in a washing machine company[J]. Expert Systems with Applications, 2011, 38（8）: 9656–9664.

[68] TSENG M L, CHIU A S. Evaluating firm's green supply chain management in linguistic preferences[J]. Journal of Cleaner Production, 2013, 40, 22–31.

[69] KANNAN D, DE SOUSA JABBOUR A B L, JABBOUR C J C. Selecting green suppliers based on GSCM practices: using fuzzy TOPSIS applied to a Brazilian electronics company[J]. European Journal of Operational Research, 2014,

233（2）: 432–447.

[70] ROSTAMZADEH R, GOVINDAN K, ESMAEILI A, et al. Application of fuzzy VIKOR for evaluation of green supply chain management practices[J]. Ecological Indicators, 2015, 49: 188–203.

[71] GUPTA H, BARUA M K. Supplier selection among SMEs on the basis of their green innovation ability using BWM and fuzzy TOPSIS[J]. Journal of Cleaner Production, 2017, 152: 242–258.

[72] LIN K P, TSENG M L, PAI P F. Sustainable supply chain management using approximate fuzzy DEMATEL method[J]. Resources Conservation & Recycling, 2018, 128: 134–142.

[73] ZENG S, HU Y, BALEZENTIS T, et al. A multi - criteria sustainable supplier selection framework based on neutrosophic fuzzy data and entropy weighting[J]. Sustainable Development, 2020, 28（5）: 1431–1440.

[74] LIU G, FAN S, TU Y, et al. Innovative Supplier Selection from Collaboration Perspective with a Hybrid MCDM Model: A Case Study Based on NEVs Manufacturer[J]. Symmetry, 2021, 13（1）: 143.

[75] LIU P, GAO H, FUJITA H. The new extension of the MULTIMOORA method for sustainable supplier selection with intuitionistic linguistic rough numbers[J]. Applied Soft Computing, 2021, 99: 106893.

[76] SIMON H A. Administrative Behavior–a Study of Decision Making Processes in Administrative Organization[M]. New York: Macmillan Publishing Co, Inc., 1971.

[77] KAHNEMAN D, TVERSKY A. Prospect theory: an analysis of decisions under risk[J]. Econometrica, 1979, 47: 263–292.

[78] CATELANI M, CIANI L, CRISTALDI L, et al. Electrical performances optimization of hotovoltaic Modules with FMECA approach[J]. Measurement, 2013, 46（10）: 3898–3909.

[79] FORMAN S E. Performance of experimental terrestrial photovoltaic modules[J]. IEEE Transactions on Reliability, 1982, R-31: 235-245.

[80] DUMAS L N, SHUMKA A. Photovoltaic module reliability improvement through application testing and failure analysis[J]. IEEE Transactions on Reliability, 1982, R-31: 228-234.

[81] ADAMO F, ATTIVISSIMO F, DI NISIO A, et al. Characterization and testing of a tool for photovoltaic panel modeling, Instrumentation and Measurement[J]. IEEE Transactions on Instrumentation & Measurement, 2011, 60（5）: 1613-1622.

[82] JEEVANDOSS C R, KUMARAVEL M, KUMAR V J. A novel measurement method to determine the C-V characteristic of a solar photovoltaic cell, Instrumentation and Measurement[J]. IEEE Transactions on Instrumentation & Measurement, 2011, 60（5）: 1761-1767.

[83] COLLI A. Failure mode and effect analysis for photovoltaic systems[J]. Renewable & Sustainable Energy Reviews, 2015, 50（oct.）: 804-809.

[84] 余荣斌 . 基于性能退化的光伏组件服役可靠性评估方法研究 [D]. 广州：华南理工大学，2016.

[85] MOSER D, DEL BUONO M, JAHN U, et al. Identification of technical risks in the photovoltaic value chain and quantification of the economic impact[J]. Progress in Photovoltaics: Research and Applications, 2017, 25（7）: 592-604.

[86] STAMATIS D H. Failure mode and effect analysis: FMEA from theory to execution [M]. ASQ Quality Press, 2003.

[87] GARGAMA H, CHATURVEDI S K. Criticality assessment models for failure mode effects and criticality analysis using fuzzy logic[J]. IEEE Transactions on Reliability, 2011, 60（1）: 102-110.

[88] JONG C H, TAY K M, LIM C P. Application of the fuzzy failure mode and effect analysis methodology to edible bird nest processing[J]. Computers and

Electronics in Agriculture, 2013, 96: 90–108.

[89] GARGAMA H, CHATURVEDI S K. Criticality assessment models for failure mode effects and criticality analysis using fuzzy logic[J]. IEEE Transactions on Reliability, 2011, 60（1）: 102–110.

[90] TOORANLOO H S, SADAT AYATOLLAH A. A model for failure mode and effects analysis based on intuitionistic fuzzy approach[J]. Applied Soft Computing, 2016, 49: 238–247.

[91] LIU H C, YOU J X, DUAN C Y. An integrated approach for failure mode and effect analysis under interval–valued intuitionistic fuzzy environment[J], International Journal Of Production Economics, 2017.

[92] LIU H C, LIU L, LIU N. Risk evaluation approaches in failure mode and effects analysis: A literature review[J]. Expert Systems with Applications, 2013, 40（2）: 828–838.

[93] YANG X, YAN L, ZENG L. How to handle uncertainties in AHP: The cloud delphi hierarchical analysis[J]. Information Science, 2013, 222: 384–404.

[94] WU D, MENDEL J M. Computing with words for hierarchical decision making applied to evaluating a weapon system[J]. IEEE Transactions on Fuzzy Systems, 2010, 18（3）: 441–460.

[95] MENDEL J, WU D. Perceptual Computing: Aiding People in Making Subjective Judgments[M]. John Wiley & Sons, 2010.

[96] BOZDAG E, ASAN U, SOYER A, et al. Risk prioritization in failure mode and effects analysis using interval type–2 fuzzy sets[J]. Expert Systems with Applications, 2015, 42（8）: 4000–4015.

[97] LIAO R, BIAN J, YANG L, et al. Cloud model–based failure mode and effects analysis for prioritization of failures of power transformer in risk assessment[J]. International Transactions On Electrical Energy Systems, 2013, 23（7）: 1172–1190.

[98] LIU H C, LI Z, SONG W, et al. Failure mode and effect analysis using cloud model theory and PROMETHEE method[J]. IEEE Transactions on Reliability, 2017, 66（4）: 1058–1072.

[99] PANWAR N, KUMAR S. Critical ranking of steam handling unit using integrated cloud model and extended PROMETHEE for maintenance purpose[J]. Complex & Intelligent Systems, 2021, 7（1）: 367–378.

[100] CHAUHAN A, VAISH R. Magnetic material selection using multiple attribute decision making approach[J]. Materials & Design, 2012, 36: 1–5.

[101] SUN M. Some issues in measuring and reporting solution quality of interactive multiple objective programming procedures[J]. European Journal of operational research, 2005, 162（2）: 468–483.

[102] PENG D X, LAI F. Using partial least squares in operations management research: A practical guideline and summary of past research[J]. Journal of Operations Management, 2012, 30（6）: 467–480.

[103] ZAVADSKAS E K, SKIBNIEWSKI M J, ANTUCHEVICIENE J. Performance analysis of Civil Engineering Journals based on the Web of Science® database[J]. Archives of Civil and Mechanical Engineering, 2014, 14（4）: 519–527.

[104] KUMAR K, GARG H. TOPSIS method based on the connection number of set pair analysis under interval-valued intuitionistic fuzzy set environment[J]. Computational and Applied Mathematics, 2018, 37（2）: 1319–1329.

[105] JOSHI D K, KUMAR S. Entropy of interval-valued intuitionistic hesitant fuzzy set and its application to group decision making problems[J]. Granular Computing, 2018, 1–15.

[106] ZHAN J, LIU Q, HERAWAN T. A novel soft rough set: Soft rough hemirings and corresponding multicriteria group decision making[J]. Applied Soft Computing, 2017, 54, 393–402.

[107] BOUZON M, GOVINDAN K, RODRIGUEZ C M T. Evaluating barriers for reverse logistics implementation under a multiple stakeholders' perspective analysis using grey decision making approach[J]. Resources, Conservation and Recycling, 2018, 128: 315–335.

[108] LIU J, XU F, LIN S. Site selection of photovoltaic power plants in a value chain based on grey cumulative prospect theory for sustainability: A case study in Northwest China[J]. Journal of Cleaner Production, 2017, 148: 386–397.

[109] PENG H G, WANG J Q. Hesitant uncertain linguistic Z–numbers and their application in multi–criteria group decision–making problems[J]. International Journal of Fuzzy Systems, 2017, 19（5）: 1300–1316.

[110] AZADEH A, KOKABI R. Z–number DEA: A new possibilistic DEA in the context of Z–numbers[J]. Advanced Engineering Informatics, 2016, 30（3）: 604–617.

[111] WANG P, XU X, CAI C, et al. A linguistic large group decision making method based on the cloud model[J]. IEEE Transactions on Fuzzy Systems, 2018.

[112] LI J, FANG H, SONG W. Sustainable supplier selection based on SSCM practices: A rough cloud TOPSIS approach[J]. Journal of cleaner production, 2019, 222: 606–621.

[113] WU T, QIN K. Comparative study of image thresholding using type–2 fuzzy sets and cloud model[J]. International Journal of Computational Intelligence Systems, 2010, 3（sup01）: 61–73.

[114] IRENA. Renewable Energy Statistics 2021 [R]. International Renewable Energy Agency, Abu Dhabi.

[115] BRIDGENS B, HOBSON K, LILLEY D,et al. Closing the loop on E - waste: A multidisciplinary perspective[J]. Journal of Industrial Ecology, 2019, 23（1）: 169–181.

[116] GAUTAM A, SHANKAR R, VRAT P. End–of–life solar photovoltaic

e-waste assessment in India: a step towards a circular economy[J]. Sustainable Production and Consumption, 2021, 26: 65-77.

[117] YU H, TONG X. Producer vs. local government: The locational strategy for end-of-life photovoltaic modules recycling in Zhejiang province [J]. Resources, Conservation and Recycling, 2021, 169: 105484.

[118] ANCTIL A, FTHENAKIS V. Critical metals in strategic photovoltaic technologies: abundance versus recyclability[J]. Progress in Photovoltaics: Research and Applications, 2013, 21（6）: 1253-1259.

[119] GRAEDEL T E. On the future availability of the energy metals[J]. Annual Review of Materials Research, 2011, 41: 323-335.

[120] REN K, TANG X, HÖÖK M. Evaluating metal constraints for photovoltaics: Perspectives from China's PV development[J]. Applied Energy, 2021, 282: 116148.

[121] SALIM H K, STEWART R A, SAHIN O, et al. Drivers, barriers and enablers to end-of-life management of solar photovoltaic and battery energy storage systems: A systematic literature review[J]. Journal of Cleaner Production, 2019, 211: 537-554.

[122] 欧矿生 . 基于产品样机的研发项目管理决策框架 [D]. 厦门 : 厦门大学 , 2012.

[123] BROWN R. Group processes（2nd edn）[M]. Oxford: Blackwell, 1999.

[124] STASSER G, DIETZ-UHLER B. Collective choice, judgment and problem solving[M]. Oxford: Blackwell, 2001: 31-55.

[125] MICHAELSEN L K, WATSON W E, BLACK R H. A realistic test of individual versus group consensus decision making[J]. Journal of Applied Psychology, 1989, 74（5）: 834-839.

[126] LEVINE J M, MORELAND R L. Small groups[M]. New York: Psychology Press, 2006.

[127] HOLLINGSHEAD A B. Cognitive interdependence and convergent expectations in transactive memory[J]. Journal of Personality and Social Psychology, 2001, 81: 1080–1089.

[128] LARSON J R. In search of synergy in small group performance[M]. New York: Psychology Press, 2010.

[129] PAYNE J W. Task complexity and contingent processing in decision making: An information search and protocol analysis[J]. Organizational Behavior and Human Performance, 1976, 16（2）: 366–387.

[130] GALLWEY T J, DRURY C G. Task complexity in visual inspection[J]. Human Factors, 1986, 28（5）: 595–606.

[131] KENNEDY R S, COULTER X B. Research note: The interactions among stress, vigilance, and task complexity[J]. Human factors, 1975, 17（1）: 106–109.

[132] PAWLAK Z. Rough sets[J]. International Journal of Parallel Programming, 1982, 11（5）: 341–356.

[133] PAWLAK Z. Rough sets: theoretical aspects of reasoning about data[M]. Springer Science & Business Media, 2012.

[134] HENNIG C, MEILA M, MURTAGH F, et al. Handbook of cluster analysis[M]. CRC Press, 2015.

[135] 葛涛. 核电工程项目质量链协同管理研究[D]. 武汉：武汉大学，2015.

[136] 纪美云. 中国光伏产业发展路径研究[D]. 北京：华北电力大学，2015.

[137] DUBEY R, GUNASEKARAN A, CHILDE S J, et al. World class sustainable supply chain management: critical review and further research directions[J]. International Journal of Logistics Management, 2017, 28（2）: 332–362.

[138] SEURING S, MULLER M. From a literature review to a conceptual

framework for sustainable supply chain management[J]. Journal of Cleaner Production, 2008, 16（15）: 1699–1710.

[139] SARI K. A novel multi–criteria decision framework for evaluating green supply chain management practices[J]. Computers & Industrial Engineering, 2017, 105: 338–347.

[140] ZAID A A, JAARON A A, BON A T. The impact of green human resource management and green supply chain management practices on sustainable performance: an empirical study[J]. Journal of Cleaner Production, 2018, 204: 965–979.

[141] FOO P Y, LEE V H, TAN G W H, et al. A gateway to realising sustainability performance via green supply chain management practices: a PLSeANN approach[J]. Expert Systems with Applications, 2018, 107: 1–14.

[142] AHI P, SEARCY C. A comparative literature analysis of definitions for green and sustainable supply chain management[J]. Journal of Cleaner Production, 2013, 52: 329–341.

[143] ESFAHBODI A, ZHANG Y, WATSON G. Sustainable supply chain management in emerging economies: trade–offs between environmental and cost performance[J]. International Journal of Production Economics, 2016, 181: 350–366.

[144] PAULRAJ A, CHEN I J, BLOME C. Motives and performance outcomes of sustainable supply chain management practices: a multi–theoretical perspective[J]. Journal of Business Ethics, 2017, 145（2）: 239–258.

[145] DAS D. The impact of Sustainable Supply Chain Management practices on firm performance: lessons from Indian organizations[J]. Journal of Cleaner Production, 2018, 203: 179–196.

[146] MIEMCZYK J, LUZZINI D. Achieving triple bottom line sustainability in supply chains: the role of environmental, social and risk assessment practices[J].

International Journal of Operations & Production Management, 2018.

[147] VARGAS J R C, MANTILLA C E M, DE SOUSA JABBOUR A B L. Enablers of sustainable supply chain management and its effect on competitive advantage in the Colombian context[J]. Resources Conservation & Recycling, 2018, 139: 237–250.

[148] LAGHARI J A, MOKHLIS H, BAKAR A H A, et al. A comprehensive overview of new designs in the hydraulic, electrical equipments and controllers of mini hydro power plants making it cost effective technology[J]. Renewable & Sustainable Energy Reviews, 2013, 20: 279–293.

[149] ALBERS MOHRMAN S, TENKASI R V, LAWLER E E, et al. Total quality management: practice and outcomes in the largest US firms[J]. Employee. Relations, 1995, 17（3）, 26–41.

[150] GLOCK C H. Lead time reduction strategies in a single–vendoresingle–buyer integrated inventory model with lot size–dependent lead times and stochastic demand[J]. International Journal of Production Economics, 2012, 136（1）: 37–44.

[151] LIN Y H, TSENG M L. Assessing the competitive priorities within sustainable supply chain management under uncertainty[J]. Journal of Cleaner Production, 2016, 112: 2133–2144.

[152] GOVINDAN K, KHODAVERDI R, VAFADARNIKJOO A. Intuitionistic fuzzy based DEMATEL method for developing green practices and performances in a green supply chain[J]. Expert Systems With Applications, 2015, 42（20）: 7207–7220.

[153] BUYUKOEZKAN G, KARABULUT Y. Energy project performance evaluation with sustainability perspective[J]. Energy, 2017, 119: 549–560.

[154] BAI C, SARKIS J. Integrating sustainability into supplier selection with grey system and rough set methodologies[J]. International Journal of Production

Economics, 2010, 124（1）: 252–264.

[155] CHARDINE–BAUMANN E, BOTTA–GENOULAZ V. A framework for sustainable performance assessment of supply chain management practices[J]. Computers & Industrial Engineering, 2014, 76, 138–147.

[156] YAGER R R. On ordered weighted averaging aggregation operators in multicriteria decisionmaking[J]. IEEE Transactions On Systems Man And Cybernetics Part B–cybernetics, 1988, 18（1）: 183–190.

[157] XU Z. An overview of methods for determining OWA weights[J]. International Journal of Intelligent Systems, 2005, 20（8）: 843–865.

[158] YUE D, YOU F, DARLING S B. Domestic and overseas manufacturing scenarios of silicon–based photovoltaics: Life cycle energy and environmental comparative analysis[J]. Solar Energy, 2014, 105: 669–678.

[159] 中国经营网 . 光伏电站衰减率惊人 1/3 电站存质量问题 [EB/OL].（2014–11–07）[2021–12–05]. http://www.cspplaza.com/article–4242–1.html.

[160] LI D, MENG H. J, SHI X M. Membership clouds and membership cloud generators[J]. Journal of Computer Research and Development, 1995, 32（6）: 15–20.

[161] LI D, LIU C, GAN W. A new cognitive model: cloud model[J]. International Journal of Intelligent Systems, 2009, 24（3）: 357–375.